# Die Einsteinsche Relativitätstheorie und ihr mathematischer, physikalischer und philosophischer Charakter

Von

Prof. Dr. Stjepan Mohorovičić

Mit einem Geleitwort von

Professor Dr. E. Gehrcke

1923

Verlag von Walter de Gruyter & Co.

vormals G. J. Göschen'sche Verlagshandlung — J. Guttentag, Verlagsbuchhandlung
Georg Reimer — Karl J. Trübner — Veit & Comp.

Berlin und Leipzig

Druck von Walter de Gruyter & Co., Berlin W. 10

# Inhalt.

# Geleitwort

von **E. Gehrcke**

Der Anregung, dieser Schrift von Herrn Prof. Dr. Mohorovičić einige Geleitworte mit auf den Weg zu geben, folge ich gern. Gehört doch Mohorovičić mit zu den ersten, die die wissenschaftliche Abwegigkeit der Einsteinschen Relativitätstheorie erkannt und unbekümmert um etwaige nachteilige Folgen für die eigene Person, trotz offener und versteckter Angriffe und trotz aller Verleumdungen der überall tätigen Relativitäts-Clique, ihre Überzeugung und das Ergebnis eigenen Nachdenkens der Öffentlichkeit unterbreitet haben. Mohorovičić hat das Verdienst, in einer Reihe mathematischer Abhandlungen gezeigt zu haben, daß, wenn man schon daran geht, eine Relativitätstheorie zu ersinnen, man gleich eine ganze Menge, nämlich unendlich viele spezielle Relativitätstheorien aufstellen kann; wie auch in anderen Fällen, lassen sich eben der e i n e n Welt der Natur u n e n d l i c h viele Möglichkeiten von mathematisch formulierbaren Welten und Physiken gegenüberstellen. Den Physikern hat M o h o r o v i č i ć durch seine überaus einfache Ableitung der Formel für die sogenannte Rotverschiebung der Spektrallinien die Augen darüber geöffnet, daß die Relativitätstheorie nicht nötig ist, um eine Rotverschiebung der Spektrallinien theoretisch herzuleiten. So wird die deutsche Öffentlichkeit es begrüßen, wenn sie die vorliegende Schrift, die bisher erst in kroatischer Sprache erschienen war, nun in deutscher Sprache zur Kenntnis nehmen kann, zumal die eigenartigen und klaren Überlegungen des Verfassers in knapper, sehr verständlicher Form dargeboten werden und eine Fülle von Literaturangaben uns als zuverlässiger Führer durch das Labyrinth der Relativitätsliteratur dient.

## Vorwort zur deutschen Ausgabe.

Diese Monographie ist der etwas umgearbeitete Vortrag, welchen ich als Gast im philosophischen Seminar der katholischen Fakultät der Universität zu Agram (Jugoslavien) am 26. Februar 1922 gehalten habe. Vorwort, Anmerkungen und die letzten vier Paragraphen des III. Teiles (siehe Anmerk. 83) sind nachträglich beigefügt. Zum ersten Male wurde dieser Vortrag in der neuen philosoph.-natur- und sozialwissensch. Revue »Univerzum« Bd. 1, H. 1—3, Zagreb 1922 in kroatischer Sprache abgedruckt, später auch als selbständige Broschüre (»O Einsteinovoj teoriji relativnosti i o njezinu matematskom, fizikalnom i filozofijskom karakteru.« Zagreb 1922).

Zagreb (= Agram) (Jugoslavien), Februar—August 1922.

Der Verfasser.

---

## Vorwort zur ersten und zweiten kroatischen Ausgabe.

*O glücklich, wer noch hoffen kann,*
*Aus diesem Meer des Irrtums aufzutauchen!*
*Was man nicht weiß, das eben brauchte man,*
*Und was man weiß, kann man nicht brauchen.*
Faust. (Goethe: Faust, I. T.).

Über die Einsteinsche Relativitätstheorie besteht heutzutage eine ganze Literatur, besonders eine solche von volkstümlichen Darstellungen. Unter den letzteren findet man aber sehr wenig gut und objektiv geschriebene Werke [1]). Von den meisten Autoren wird Einstein hoch erhoben; sie stellen sein Werk als das größte seit den Newtonschen Zeiten dar, und so wird sein zweifelhafter Ruhm durch die ganze Welt getragen. In diesem Sinne sind auch diejenigen Darstellungen der Einsteinschen Relativitätstheorie geschrieben, welche unsere einheimische und sehr bescheidene physikalische Literatur besitzt [2]). Und gerade diese Einseitigkeit in der Informierung unserer intellektuellen Kreise hat dazu beigetragen, daß ich gerne den Ruf, eine Darstellung der Relativitätstheorie zu schreiben, angenommen habe; mein Wunsch war es, vollkommen objektiv zu bleiben, obwohl ich einer unter den ersten gewesen bin, welche mit eigenem Kopfe denkend sich der neuen Richtung entgegengesetzt oder zu ihrer weiteren Entwicklung beigetragen haben, welche Entwicklung keineswegs zum Vorteil des übertriebenen Ruhmes von Einstein war. Anfangs sind wir bei den damals noch übermächtigen Einsteinianern auf alle möglichen Schwierigkeiten und auf Verachtung gestoßen. Die Vorwürfe haben nicht aufgehört; ja, noch mehr, die Vorwürfe haben sich nach und nach von allen Seiten erhoben. Bald war aber Einstein mit seinen Anhängern in der Verteidigungsstellung, und der eiserne Ring um sie verengt sich immer mehr, so daß eine Festung nach der anderen fällt. Dies geben — wenn auch ungerne — schon viele, auch hervorragende, Einstein-Anhänger zu, indem sie ihre früheren, oft recht kühnen Behauptungen fallen lassen [3]).

---

[1]) Eine sehr schöne, leicht verständliche und ganz objektive Darstellung hat gegeben P. Th. Wulf: Einsteins Relativitätstheorie. Gemeinverständlich dargestellt. Innsbruck-Wien 1921. (2. Aufl.)

[2]) Vgl. z. B. V. Varićak: O teoriji relativnosti. »Ljetopis« d. südslaw. Akad. d. Wiss. Bd. 33, 73—94; Zagreb 1919.

[3]) So sagte R. v. Mises in einem Vortrage (Naturwissenschaft und Technik der Gegenwart. S. 10. Leipzig-Berlin 1922) über die spezielle Relativitätstheorie: »Sie hat sich in dieser Zeit so weit durchgesetzt, daß heute kaum noch ein Physiker ernsthaft an ihrer Berechtigung zweifelt. Es gibt auch keine Beobachtung, keine allgemeine Erfahrung und keine logische Überlegung, die dagegen spräche.« Für die allgemeine Relativitätstheorie sagt ferner derselbe Verfasser

Es war der Wunsch des Herrn Verlegers, daß ich besonders mein subjektives Urteil über diese Theorie hervorhebe; diese Schwierigkeit wollte ich in der Weise beseitigen, daß ich im Texte nach Möglichkeit ganz objektiv bin; meine eigene Meinung kommt meistens unter dem Text in einigen Anmerkungen sowie am Schluß dieses Vortrages zum Ausdruck, und der Leser wird leicht eines vom anderen trennen können. Ich war überzeugt, daß sich diese Lehre nicht halten wird [4]), und es freute mich, daß der zweite Unsterbliche des französischen Instituts, P. Painlevé, diese Meinung zu teilen scheint, indem er sagt [5]): »Im Gegenteil glaube ich, daß von diesen Lehren eine Menge von Formeln bleiben werden, welche sich ohne Widerspruch in die klassische Wissenschaft einfügen

---

(S. 11): »Nur einige Bemerkungen sollen Ihnen zeigen, daß nicht zu viel gesagt ist, wenn man diese Leistung der eines Kopernikus, eines Newton als ebenbürtig zur Seite stellt.« Aber in dem Anhang, welcher, wie der Verfasser selbst angibt, anderthalb Jahre später geschrieben ist, sagt er bescheiden (S. 25): »Nun, die Einsteinsche Relativitätstheorie ist voll und ausschließlich eine physikalische Theorie. ... Sie ist keine Philosophie, keine Weltanschauung, auch nicht Teil oder Grundlage einer solchen, ...« Ich frage nun, was uns noch von dieser Theorie verbleibt und inwieweit sie ihrer »Größe« nach den Leistungen eines Newton und Kopernikus ebenbürtig ist?

Ebenso der Unsterbliche des französischen Instituts E. Picard in seiner akademischen Schrift: »Quelques remarques sur la théorie de la relativité.« Compt. Rend. Bd. 173, 680—682, Paris 1921, in welcher er noch Einstein zu retten sich bemüht, gibt selbst zu (S. 681): »Damit sich die Physik endgültig entscheide, den Weg, welchen die Relativitätstheorie eröffnet hat, einzuschlagen, wird wahrscheinlich eine Menge von Versuchen positiven Charakters, welche in den Laboratorien ausgeführt werden, nötig sein.« Dann weiter (S. 681—2): »Wir haben gesagt, daß man bei der Aufstellung der Einsteinschen Relativitätstheorie dunkle Punkte und ungenügend formulierte Hypothesen findet.« Vgl. auch seine Broschüre: La théorie de la relativité et ses applications à l'astronomie. Paris 1922.

Wir könnten schon heutzutage genug von solchen und ähnlichen Beispielen anführen; einige wichtigere werden wir im III. Teile dieser Schrift erwähnen.

[4]) S. Mohorovičić: Die Folgerungen der allgemeinen Relativitätstheorie und die Newtonsche Physik. Naturwiss. Wochenschr. N. F. Bd. 20, 737—739, Jena 1921. Einige andere meiner Arbeiten werden später zitiert.

[5]) P. Painlevé: La mécanique classique et la théorie de la relativité. Compt. Rend. Bd. 173, 677—680, Paris 1921.

werden; daß aber die Prinzipien oder philosophisch-wissenschaftliche Folgerungen, welche nach verschiedenen Ansichten entweder ein Skandal oder ein Wunder der Relativitätstheorie waren, nicht bestehen werden.«

In meinen Darlegungen habe ich den historischen Weg eingeschlagen, da wir auf diese Weise am besten sehen werden, daß Einstein mit seinen Ideen nicht unerwartet die Welt überrascht hat, wie dies auch sehr bekannte Relativitätsphysiker hervorgehoben haben. Ich denke im Gegenteil, daß sich die Wissenschaften stufenweise entwickeln: eine Idee folgt progressiv der anderen, und jeder, auch der größte Forscher, ist ein Kind der Zeit, in welcher er gelebt hat oder noch lebt. Einsteins Ruhm hat plötzlich und künstlich wie ein Meteor erglänzt; aber die Meteore erlöschen bald oder explodieren, und im besten Falle hinterlassen sie unansehnliche Spuren des Staubes. Dies sollen sich besonders diejenigen »Relativisten« gut merken, welche nicht einmal in diese Theorie eingedrungen sind [6]) und die uns unwillkürlich an die boshaften Worte des Mephistopheles erinnern: »Wie glücklich würde sich der . . . schätzen, könnt' er nur auch ins Lotto setzen!« Ich werde aber lieber mit den Versen dieses größten deutschen

---

[6]) Ich habe erlebt, daß in einer öffentlichen Diskussion vor einem sehr großen Auditorium in Agram ein Universitätsprofessor, der »Relativist« war und von mir in die Enge gedrängt wurde, öffentlich gestand, daß er — angeblich wegen seines Alters — schon seit zehn Jahren die fachmännische Literatur nicht verfolgt habe; von anderen unserer »Relativisten« wurde ich anonym hinter dem Rücken angegriffen. Halten diese Herren unser Volk für eine inferiore Rasse, indem sie von uns verlangen, daß wir eine neue, wenn auch ganz unmögliche Richtung ohne jedes Nachdenken annehmen müssen (besonders wenn sie aus dem Auslande zu uns kommt), und deshalb trauen sie sich nicht, sie zu studieren? Oder waren sie trotz aller Versuche nicht imstande, diese Theorie zu verstehen, und kommt sie ihnen deshalb so außerordentlich genial vor?

Mein Vortrag hat gerade den Zweck, nicht nur unsere jüngeren Kommilitonen zu einem ernsthaften und unparteiischen Studium der hier dargestellten modernen Theorien anzueifern, sondern es ist auch ein Memento für unsere fachmännischen Kreise, daß eine Kontrolle ihrer Arbeit besteht. — Ich bitte unsere Intellektuellen, diesen Vortrag langsam zu lesen und erst dann ihr Urteil auszusprechen, wenn sie mehrere Darstellungen dieser Theorien durchstudiert haben; deshalb wird die Literatur reichlich zitiert.

Dichters und tiefen Denkers Goethe (Vier Jahreszeiten 56) mein Vorwort beenden:

»Schadet ein Irrtum wohl? Nicht immer! aber das Irren
Immer schadet's. Wie sehr, sieht man am Ende des Wegs.«

# I. Einleitung; die Galilei-Newtonsche und die Lorentzsche Relativitätstheorie.

Es ist meine Absicht, hier in kurzen Zügen die mathematischen, physikalischen und philosophischen Grundlagen der Einsteinschen Relativitätstheorie darzulegen, welche angeblich eine neue Weltanschauung sein sollte. Diese revolutionäre Theorie, herausgebracht und ausgebaut nicht nur mit unbegreiflicher Kühnheit, sondern auch mit unbegreiflicher Geschwindigkeit, hat heutzutage die größten Geister aufgerüttelt, und es ist diese Theorie von vielen nicht nur als eine neue physikalisch-philosophische Richtung mit Enthusiasmus betrachtet worden, sondern man glaubte, daß diese Theorie eine neue Periode in der Evolution der Menschheit eröffnet; man dachte, die neue Lehre müßte auch nach und nach auf die übrigen Wissenschaften und Errungenschaften des menschlichen Geschlechtes übergehen, und endlich sollte sie auch die soziale Ordnung umfassen. Der soziologischen Doktrin der Gleichheit und Gleichwertigkeit aller menschlichen Individuen müßte die physikalische Lehre von der Gleichheit und Gleichwertigkeit aller Beobachter bei der Beschreibung der Naturvorgänge entsprechen[7]). Die politisch-religiöse Seite dieser Lehre beiseite lassend, werden wir hier hauptsächlich den physikalischen und erkenntnistheoretischen Teil betrachten.

*Der Agronomen Wort hier lügt:*
*Es riecht um so besser, je tiefer man pflügt.*

Peer Gynt. (Ibsen: Peer Gynt. V.— Nach der deutschen Übersetzung von Passarge.)

1. Jede sogenannte exakte Wissenschaft ist auf einigen Fundamentalbegriffen oder Fundamentalsätzen

[7]) Vgl. z. B. R. Lämmel: Die Grundlagen der Relativitätstheorie. Populärwissenschaftlich dargestellt. S. 141—143, Berlin 1921.

(Axiomen) aufgebaut, für welche wir voraussetzen, daß sie ganz von selbst klar und richtig sind, aber diese ihre Richtigkeit können wir mit keinen Mitteln beweisen. So erinnern wir uns noch an die Axiome unserer gewöhnlichen euklidischen Geometrie, welche wir in der Schule gelernt haben, und auf solche Fundamentalsätze oder Axiome ist auch das wunderbare Gebäude der Galilei-Newtonschen Physik aufgebaut. Als Beispiel

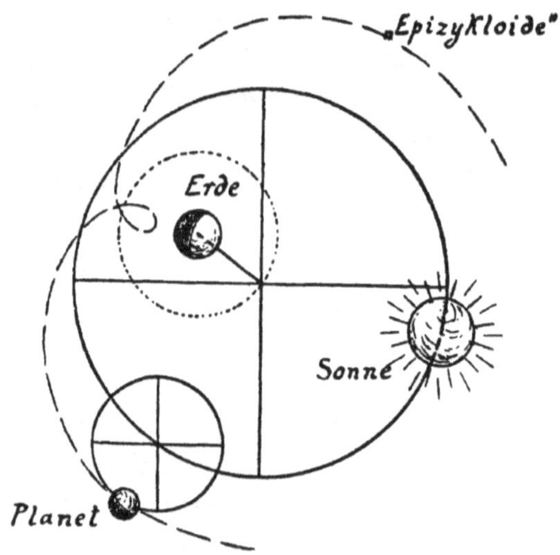


Abb. 1. Das ptolemäische System der Epizyklen: Die Erde befindet sich im Mittelpunkte der Welt, während die Sonne sich auf dem großen Kreise bewegt; der ganz große Kreis dreht sich um die Erde so, daß sein Mittelpunkt die Erde in einem Tage umkreist. Auf diesem großen Kreise befinden sich die Mittelpunkte der kleineren Kreise, auf welchen die Planeten untergebracht sind. Der Planet bewegt sich auf dem kleineren Kreise, und der Mittelpunkt des kleineren Kreises wandert auf der Peripherie des großen Kreises. Betrachten wir den Planeten von der Erde, so scheint uns, als ob er eine epizykloidische Bahn beschreibt. (Auf der Abbildung haben wir nicht berücksichtigt, daß sich das ganze System in einem Tage um die Erde dreht.)

erwähne ich das Trägheitsgesetz, welches Galilei 1602 ausgesprochen hat. Es war dies die Zeit, als definitiv das tausendjährige ptolemäische System der Epizykel zusammenstürzte, nach welchem die Erde der Weltmittelpunkt wäre, und der Mond, die Sonne und die Planeten sich um sie drehen sollten, längs der Kreise epizyklische Bahnen beschreibend (Abb. 1), während die Fixsterne angeblich genau längs der

Kreisbahnen um die Erde laufen. Diese sehr komplizierte und bis zu einem gewissen Grade auch ziemlich naive Lehre, nach welcher der Mensch in dem Weltmittelpunkte sich befände und die ganze Welt nur seinethalben erschaffen wäre, stürzte der berühmte Astronom Kopernikus um, welcher sonst ein katholischer Priester — Domherr — gewesen war. Seine unumstößliche und unsterbliche Lehre sagt uns, daß sich die Erde um ihre Achse dreht und wie die übrigen Planeten bewegt, dabei eine Ellipse [8]) um die Sonne beschreibend. Der Mond bewegt sich um die Erde und begleitet sie auf ihren Wanderungen durch das Weltall. Heute wissen wir schon, daß auch die Fixsterne sich mit großen Geschwindigkeiten durch das Weltall bewegen, und daß auch sie von ihren Planeten umkreist werden, welche sie — ähnlich wie die Sonne die Erde — bestrahlen. Deswegen werden wahrscheinlich auf vielen solchen Planeten auch Lebewesen existieren, vielleicht ebenso oder noch mehr vernunftvolle, als wir erbärmlichen menschlichen Geschöpfe es sind, aber ich muß betonen, daß ihre Existenz bis jetzt auf keine Art bewiesen werden konnte.

Es hat ziemlich lange gedauert, bis die Lehre des Kopernikus allgemein angenommen [9]) und von Kepler und Newton weiter ausgebildet wurde. Mehr als zwei Jahrhunderte sind verflossen, seitdem die mächtigen Fundamente der Galilei-Newtonschen Mechanik gelegt wurden, und seit dieser Zeit hat sich eine große Schar gelehrter Männer gefunden, welche bemüht war, dieses wunderbare Gebäude weiter auszubauen. Somit ist, wenn ich so sagen darf, ein »geistiger« Staat entstanden, welcher die größten Siege des menschlichen Geistes errungen und die größten Triumphe gefeiert hat. Das ganze

---

[8]) Kopernikus selbst dachte, daß dies ein Kreis sei, erst Kepler setzte für die Planetenbahnen Ellipsen voraus. — Hier möchte ich das ausgezeichnete und prächtig ausgestattete Werk M. W. Meyer, Das Weltgebäude, eine gemeinverständliche Himmelskunde, Leipzig-Wien 1908, empfehlen.

[9]) Schon längst vor Kopernikus hat diese Lehre Aristarch hervorgebracht; seine Lehre kam aber zu frühzeitig, so daß sie sich nicht halten konnte. (Vgl. auch Anmerkung 104.)

Universum wurde eine märchenhafte Maschine, welche mit einer peinlichen Genauigkeit nach einer Anzahl strenger, mathematisch formulierbarer Gesetze funktioniert. Durch das theoretisch-mathematische Verfahren wurden manchmal — wenn auch nur selten — Naturerscheinungen vorausberechnet, welche später beobachtet und gemessen wurden; dies wurde dann immer als ein außergewöhnlicher Triumph der reinen Wissenschaft betrachtet.

Man hat, um der Forderung der Kontinuität zu genügen, um wenigstens bis zu einem gewissen Grade die Wirkung der Kraft in die Ferne zu begreifen und um das Licht mit allen seinen Begleiterscheinungen zu erklären, in die Physik den Begriff des Weltäthers eingeführt. Der Weltäther wäre danach ein Urstoff, welcher das ganze Universum ausfüllt und alle Materie durchdringt, er wäre die letzte Ursache aller Veränderungen; seine Existenz ist aber wegen seiner Unbeobachtbarkeit unbeweisbar [10]). Und jetzt kommt das merkwürdigste: Anstatt daß diese Lehre zu der schönsten — auf der wissenschaftlichen Basis »begründeten« — Kosmogonie geführt hätte, hat man das angeblich falsche Idol von seinem Throne herunterzustürzen versucht. Es ist nämlich dem Weltäther passiert, daß die Wissenschaft zeigen wollte, seine weitere Anwesenheit sei für die Erklärung vieler Naturerscheinungen ganz überflüssig. Ich will sofort erwähnen, daß es der Physiker Albert Einstein war, welcher diese Revolution in der Auffassung der Natur mit seinen Anhängern durchzuführen versucht hat, und wir werden sehen, inwieweit dieser Versuch gelungen ist, wenn wir überhaupt von irgendwelchem Erfolge sprechen

[10]) Heute entwickelt sich die Physik des Äthers auf Grund von einigen neuen Ideen schon wieder weiter, welche zuerst in einer leicht faßlichen Form H. Fricke herausgebracht hat (Eine neue und einfache Deutung der Schwerkraft und eine anschauliche Erklärung der Physik des Raumes. Wolfenbüttel 1919) und etwas später in einer streng wissenschaftlichen Form und mathematisch vervollkommnet O. Wiener: Das Grundgesetz der Natur und die Erhaltung der absoluten Geschwindigkeiten im Äther. Abh. d. math.-phys. Kl. d. sächs. Akad. d. Wiss. XXXVIII, Nr. IV, Leipzig 1921. — Einen anderen Weg hat P. Lenard eingeschlagen (Über Äther und Uräther. 2. Aufl. Leipzig 1922), auf dem er ganz neue Gedanken herausgebracht hat.

können. Aber es waren auch vor Einstein Physiker da, welche den Weltäther verworfen haben, und so gebührt ihm keineswegs die Priorität dieses Gedankens [11]).

Man wird sich fragen, wie in dem erwähnten »geistigen« Staate, wo doch im allgemeinen ein mustergültiger Einklang herrschte, eine so radikale Revolution ausbrechen konnte. Man muß aber zuerst daran erinnern, daß vor nicht ganz hundert Jahren etwas ähnliches mit der rein geometrischen Weltanschauung (besser Raumauffassung) geschehen ist; es wurde nämlich dort angeblich eine ähnliche Revolution mit vollem Erfolge durchgeführt. Es ist kein Wunder, wenn darnach die Reihe an die physikalische Weltanschauung gekommen ist. In unserer gewöhnlichen (euklidischen) Geometrie gilt das Parallelenaxiom (-postulat), welches lautet: Durch einen gegebenen Punkt kann man in bezug auf eine gegebene Gerade nur eine Parallele ziehen. Eine Folge dieses Axioms ist, daß die Summe aller Winkel in jedem Dreieck immer $180^0$ beträgt. Für das rechtwinkelige Dreieck mit der Hypotenuse $c$ und mit den Katheten $a$, $b$ gilt der bekannte Satz von Pythagoras:

$$c^2 = a^2 + b^2. \tag{1}$$

Es hat sich aber herausgestellt, daß unsere gewöhnliche euklidische Geometrie nicht die einzig mögliche Geometrie ist [12]), sondern daß man je nach der Wahl der in sich wider-

---

[11]) Fast zu gleicher Zeit haben die Hypothese des Weltäthers der Amerikaner Arvid Reuterdahl und der Schweizer J. H. Ziegler verworfen. Deshalb auch wirft Reuterdahl in seiner Abhandlung: Einstein and the New Science (Bi-Month. Journ. of the College of St. Thomas IX, Nr. 3, St. Paul 1921) Einstein vor (S. 4 u. 5): »The fact that Dr. Einstein lived in Bern, Switzerland, at the time when Ziegler's theory of light was a topic of general discussion, leads one to justly question the extraordinary claims to originality of the founder of the Theory of Relativity.« In neuester Zeit hat den Äther verlassen und eine besondere Theorie des Lichtes aufgestellt S. Lothigius: Esquisse d'une théorie nouvelle de la lumière. Stockholm 1920. Siehe auch Anmerkung 114.

[12]) H. Dingler hat in seinem Werk Physik und Hypothese, Berlin 1921, und in einer Reihe seiner Abhandlungen bewiesen, daß jede Relativitätstheorie auch eine Geometrie voraussetzt; da aber die Grundlage aller unserer Messungen und Instrumente gerade die euklidische (gewöhnliche) Geometrie

spruchsfreien Fundamentalaxiome unendlich viele geometrische Gebäude aufbauen könnte; jedes von ihnen ist in sich fehlerfrei. Anstatt des früher erwähnten Parallelenaxioms könnten wir auch folgendes Axiom voraussetzen: Durch einen gegebenen Punkt kann man in bezug auf eine Gerade keine Parallele ziehen. Auf diese Weise gelangen wir zur Riemannschen Geometrie, wo die Summe der Winkel in jedem Dreiecke größer als 180° ist. Eine solche Geometrie wird z. B. auf den Flächen konstanter positiver Krümmung existieren, also auch auf der Kugel; es wird uns deshalb nicht überraschen, daß in der Riemannschen Geometrie die Formeln der sphärischen Trigonometrie gelten. Für das rechtwinkelige Dreieck mit der Hypotenuse $c$ und mit den Katheten $a$, $b$ gilt folgender Satz:

$$\cos c = \cos a \cdot \cos b; \tag{2}$$

die Riemannsche Geometrie gilt also in dem Raume der konstanten positiven Krümmung. Aber anstatt des erwähnten Parallelenaxioms könnten wir auch folgendes Axiom voraussetzen: Durch einen gegebenen Punkt kann man in bezug auf eine gegebene Gerade unendlich viele Parallelen ziehen. Auf diese Weise könnten wir zur Bolyai-Lobatschefskijschen Geometrie gelangen, in welcher die Summe der Winkel in jedem Dreieck kleiner als 180° ist. Solche Geometrie gilt bis zum gewissen Grade z. B. auf den Flächen konstanter negativer Krümmung (Pseudosphäre). Für das früher erwähnte rechtwinkelige Dreieck gilt folgende Relation [13]):

---

ist, so sind alle Relativitätstheorien unsinnig. Seine Beweise sind bis heute von niemandem entwertet worden. Siehe auch Anmerkung 107.

[13]) Nachdem die Relationen bestehen

$$\cos x = 1 - \frac{x^2}{1.2} + \frac{x^4}{1.2.3.4} - + \cdots, \tag{4}$$

$$\operatorname{ch} x = 1 + \frac{x^2}{1.2} + \frac{x^4}{1.2.3.4} + \cdots, \tag{5}$$

so sehen wir, daß für $i = \sqrt{-1}$ (die imaginäre Einheit):

$$\cos i x = \operatorname{ch} x. \tag{6}$$

Aus den Relationen (2) und (3) folgt, daß auf der imaginären Kugel die Bolyai-Lobatschefskijsche Geometrie gilt; sie ist die imaginäre »Fortsetzung« der Riemannschen Geometrie.

(3) $$\operatorname{ch} c = \operatorname{ch} a \cdot \operatorname{ch} b;$$

die Bolyai-Lobatschefskijsche Geometrie besteht also in dem Raume der konstanten negativen Krümmung, während unsere gewöhnliche euklidische Geometrie in dem Raume, welcher überhaupt keine Krümmung hat, gilt, deshalb ist die euklidische Geometrie die einfachste, also auch die bequemste. Was für ein Raum unser Raum in Wirklichkeit ist, wissen wir nicht; alle Versuche, seine Krümmung zu ermitteln, sind mißlungen. Auch für die größten, geradezu ungeheuren Entfernungen, welche in der Astronomie vorkommen, konnte man keine Abweichungen von unserer gewöhnlichen euklidischen Geometrie konstatieren. Wenn unser Raum überhaupt eine Krümmung hat, dann ist sie außerordentlich klein, so daß man sie bis heute nicht konstatieren konnte; daraus ersehen wir, daß sich unser empirischer Raum nur annähernd definieren läßt, wie auch alle übrigen physikalischen Größen[14]). Parallel mit dieser neuen Richtung in der Geometrie haben die Geometrien der Räume mit vier oder noch mehr Dimensionen angefangen sich zu entwickeln [15]). Der menschliche Geist hat hier offenbar eine ungewöhnliche Stärke gezeigt, er hat schon solche Höhe erklommen, daß es ihm schwer geworden ist, in das enge Gebiet unserer Erfahrung zurückzukehren; den spekulativen Bemühungen war jetzt ein sehr großer Spielraum zur Verfügung gestellt, und die Welle der kühnsten Spekulationen hat endlich die Physik gestreift, und mit ihr auch die Naturphilosophie.

*Was glänzt, ist für den Augenblick geboren:*
*Das Echte bleibt der Nachwelt unverloren.*
Dichter. (Goethe: Faust, I. T.).

2. Schon Galilei und Newton haben gelehrt, daß alle Bewegungen relativ sind, einen absoluten Charakter hat nur die Rotation, bei der Zentrifugalkräfte entstehen, welche trachten,

[14]) Vgl. E. Gehrcke: Physik und Erkenntnistheorie. Leipzig-Berlin 1921.

[15]) Vgl. die vorzügliche und ausführliche Abhandlung J. Majcen: Grundlegungen der Hypothesen und der mathematischen Methoden für die vier- und mehrdimensionale Geometrie. »Rad« Bd. 181 d. südslaw. Akad. d. Wiss. u. K., Zagreb 1910; deutscher Auszug in »Bulletin« f. d. J. 1867—1914, S. 85—87, derselben Akademie, Zagreb 1916—17.

den Körper, welcher um seine Achse rotiert, zu deformieren. Deswegen hat man das Relativitätsprinzip in der klassischen Mechanik sehr oft angewendet, z. B. beim elastischen Stoß, bei der Strömung der Flüssigkeit neben einem Hindernis, bei der Fortpflanzung der Wellen usw. Der Wert des Relativitätsprinzips war nur heuristischer Natur, und nichts mehr! Mathematisch können wir dies auf folgende

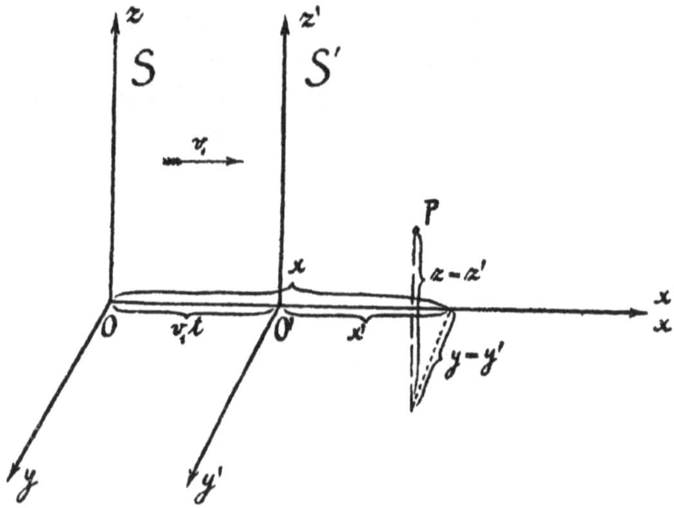


Abb. 2.

Art einfach formulieren: Haben wir zwei rechtwinkelige Koordinatensysteme $(x, y, z)$ und $(x', y', z')$, wo sich das zweite System längs der $x$-Achse des ersten Systems mit konstanter Geschwindigkeit $v_1$ bewegt, — wobei wir der Einfachheit halber annehmen, daß ihre $x$ und $x'$ Achsen übereinstimmen (eine einzige Gerade bilden) (Abb. 2)—, dann werden folgende Relationen bestehen:

$$(7)_1 \qquad x = x' + v_1 t, \quad y = y', \quad z = z',$$

wobei $t$ die Zeit ist, welche wir von dem Momente anfangen zu zählen, wenn die beiden Systeme übereinstimmen. Da kein Grund besteht, daß der Beobachter im System $S$ die Zeit anders messen sollte als der Beobachter im System $S'$, also für ihn die Zeit mit derselben Geschwindigkeit vergehen würde, so muß außerdem die Relation bestehen:

$$(7)_2 \qquad t = t',$$

wenn $t'$ die Zeit ist, wie sie von dem Beobachter im System $S'$ gemessen wird, welches sich in bezug auf das ruhende Koordinatensystem $S$ bewegt. Bewegt sich jetzt ein drittes rechtwinkeliges Koordinatensystem $S''$ $(x'', y'', z'')$ in bezug auf das System $S'$ mit einer konstanten Geschwindigkeit $v_0$, so werden wir, wie auch früher, haben:

$$(8) \quad x' = x'' + v_0 t', \quad y' = y'', \quad z' = z'', \quad t' = t''.$$

Wir suchen jetzt: mit welcher Geschwindigkeit $v_2$ bewegt sich das System $S''$ in bezug auf das System $S$; setzen wir die erste Gleichung (8) in die erste Gleichung $(7)_1$ ein, dann erhalten wir:

$$x = x' + v_1 t = x'' + v_0 t' + v_1 t' = x'' + (v_1 + v_0)t,$$

d. h.

$$(9) \qquad x = x'' + v_2 t, \quad y = y'', \quad z = z'', \quad t = t'',$$

wo

$$(10) \qquad v_2 = v_1 + v_0.$$

Auf diese Art haben wir das Newtonsche Gesetz für die Addition der Geschwindigkeiten erhalten. Die Transformationsgleichungen (9), welche die Systeme $S$ und $S''$ verbinden, haben dieselbe Form wie auch die Transformationsgleichungen $(7)_{1,\,2}$, welche die Systeme $S$ und $S'$ bzw. $S'$ und $S''$ (8) verbinden, und wir sagen, daß diese Transformationsgleichungen eine Gruppe bilden.

Solange die physikalischen Erscheinungen vom mechanischen Standpunkte betrachtet wurden, hat man gegen das Galilei-Newtonsche Relativitätsprinzip keinen Einwand erhoben. Für Newton besteht die absolute Zeit, der absolute Raum und einige absolute Bewegungen. Er sagt[16]: »Die absolute, wahre und mathematische Zeit verfließt an

[16]) Zitiert nach Ernst Mach: Die Mechanik in ihrer Entwicklung historisch-kritisch dargestellt. 8. Aufl., S. 216 und 220, Leipzig 1921. (Mit einem Anhang von J. Petzold.)

sich vermöge ihrer Natur gleichförmig und ohne Beziehung auf irgendeinen äußeren Gegenstand. Sie wird auch mit dem Namen Dauer belegt. ... Der absolute Raum bleibt vermöge seiner Natur und ohne Beziehung auf einen äußeren Gegenstand stets gleich und unbeweglich«, und weiter: »Die wirkenden Ursachen, durch welche absolute und relative Bewegungen voneinander verschieden sind, sind die Fliehkräfte von der Achse der Bewegung. Bei einer nur relativen Kreisbewegung existieren diese Kräfte nicht, aber sie sind kleiner oder größer, je nach Verhältnis der Größe der (absoluten) Bewegung«. Diese Newtonschen naturphilosophischen Ansichten hat seit dem Jahre 1860 der bekannte Physiker und Philosoph E. Mach einer scharfen Kritik unterzogen. Mach behauptet, daß wir nicht imstande sind, die Veränderungen der Materie (Substanz) mit der Zeit zu messen, sondern umgekehrt: die Zeit sei eine Abstraktion, zu welcher wir auf Grund der Veränderungen der Materie (Substanz) gelangen. Er sagt wörtlich [16a]): »Eine Bewegung kann gleichförmig sein in bezug auf eine andere. Die Frage, ob eine Bewegung an sich gleichförmig sei, hat gar keinen Sinn. Ebensowenig können wir von einer »absoluten Zeit« (unabhängig von jeder Veränderung) sprechen.« Für Mach sind alle Massen, alle Geschwindigkeiten und alle Kräfte relativ, und er jubelt [17]): »Es gibt keine Entscheidung über Relatives und Absolutes, welche wir treffen könnten, ...«; ihm ist die Wirklichkeit nur einmal gegeben, und die ptolemäische und Kopernikussche Auffassung oder Weltanschauung sind für ihn nur unsere Interpretationen; die beiden sind gleich wahr. Für Mach sind der absolute Raum und die absolute Zeit nur Dinge, welche im Gedanken existieren und nicht in der Erfahrung; niemand hat das Recht, die fundamentalen Sätze über die Grenzen der Erfahrung zu erweitern, da alles, was wir über dasjenige auseinandersetzen, was jenseits der Erfahrung liegt, für Mach Dichtung ist. Er ist nicht nur ein Sensualist, sondern auch ein reiner Positivist.

---

[16a]) a. a. O. S. 217.

[17]) a. a. O. S. 222.

Die Zentrifugalkräfte charakterisieren ihm die Rotation nicht als absolute Bewegung, sondern diese Kräfte würden auch dann auftreten, wenn sich der Körper »in Ruhe« befände, und wenn die ganze Welt um seine Achse rotieren würde. Mach schließt [18]): »Die mechanischen Grundsätze können also wohl so gefaßt werden, daß auch für Relativdrehungen Zentrifugalkräfte sich ergeben.« Daraus ersehen wir, daß der reine Relativist und Positivist Mach hier zu weit gegangen ist, was auch Mach am Ende seines Lebens selbst bemerkt hat. Wie es auch sein kann, E. Mach ist ein Vorgänger Einsteins. Um die Relativitätstheorie von Einstein besser zu verstehen und seine Verdienste und noch mehr seine Irrtümer beurteilen zu können, sind wir gezwungen, noch einige von seinen Vorgängern der Reihe nach zu erwähnen.

*In bunten Bildern wenig Klarheit,*
*Viel Irrtum und ein Fünkchen Wahrheit,*
*So wird der beste Trank gebraut,*
*Der alle Welt erquickt und auferbaut.*
Lustige Person. (Goethe: Faust, I. T.)

3. Seitdem in der Physik die elektrodynamische Ansicht das Übergewicht hat, haben sich die Einwände gegen das Galilei-Newtonsche Relativitätsprinzip zu vermehren angefangen. Die Erscheinung der Aberration des Lichtes, welches zu uns von den Fixsternen gelangt, hat zu der Vermutung geführt, daß der Weltäther — in welchem sich das Licht fortpflanzt — sich in Ruhe befinde. Dagegen schienen der Fizeausche und Hoeksche Versuch die Fresnelsche Theorie bestätigt zu haben, nach welcher der Äther nur teilweise an der Bewegung der Materie teilnehme; der Michelsonsche Versuch, wo man auf dem optischen Wege die Größe der Erdbewegung in bezug auf den ruhenden Äther ermitteln wollte, sprach dafür (da dieser Versuch, wie auch einige andere, mit einem negativen Resultate geendet hat), daß der Äther an der Bewegung der Erde vollkommen teilnehme. Aber schon Heaviside hat i. J. 1889 gefunden, daß, wenn sich eine elektrisch geladene Kugel durch den ruhenden Äther mit einer Geschwindigkeit $v$ bewegt, es einem ruhenden Be-

[18]) a. a. O. S. 226.

obachter scheinen wird: sie habe sich in der Bewegungsrichtung im Verhältnisse $1 : \sqrt{1 - \frac{v^2}{c^2}}$ verkürzt, wo $c$ die Lichtgeschwindigkeit im Äther bedeutet. Da die Stokessche Theorie des Äthers, welcher an der Bewegung der Materie vollkommen teilnimmt, nicht ganz gelungen ist, so sind unabhängig voneinander Fitz-Gerald und H. A. Lorentz von dem ruhenden Äther ausgegangen, welcher überhaupt an der Bewegung der Materie nicht teilnehme. Um das negative Resultat des berühmten Michelsonschen Versuches zu erklären, haben sie vorausgesetzt, daß sich jeder Körper, welcher sich in bezug auf den ruhenden Äther mit einer konstanten Geschwindigkeit $v$ bewegt, in der Bewegungsrichtung im Verhältnis wie 1 gegen $\sqrt{1 - \frac{v^2}{c^2}}$ verkürzt (die Kontraktionshypothese). H. A. Lorentz hat nun die Theorie des ruhenden Weltäthers vollkommen entwickelt[19]) (in den Jahren 1895—1904) und ist zu folgendem außerordentlich wichtigen Resultate gekommen: Betrachten wir, wie auch früher, zwei Koordinatensysteme $S$ und $S'$. Das System $S\,(x, y, z, t)$ soll sich mit dem Weltäther in absoluter Ruhe befinden, und das System $S'(x', y', z', t')$ bewege sich mit einer konstanten Geschwindigkeit $v_1$ längs der positiven $x$-Achse, dann werden nicht mehr die Galileischen Transformationsgleichungen $(7)_{1,\,2}$ gelten, welche die beiden Systeme $S$ und $S'$ verbinden, sondern [20]):

$$(11)\qquad x = \frac{x' + v_1 t'}{\sqrt{1 - \frac{v_1^2}{c^2}}}, \qquad y = y', \qquad z = z', \qquad t = \frac{t' + \frac{v_1}{c^2} x'}{\sqrt{1 - \frac{v_1^2}{c^2}}}.$$

Das erste, was uns hier in die Augen fällt — wenn wir die vierte Gleichung (11) mit $(7)_2$ vergleichen — ist eben, daß der ruhende Beobachter die Zeit nicht gerade so mißt, wie auch

[19]) Vgl. z. B. H. A. Lorentz: Versuch einer Theorie der elektrischen und optischen Erscheinungen in bewegten Körpern. Leipzig 1906. (Erste Auflage Leiden 1895.)

[20]) H. A. Lorentz hat auch seine Vorgänger gehabt: Die Ortszeit hat im Jahre 1888 W. Voigt eingeführt, und in der Literatur werden noch Larmor und R. Mewes zitiert, ihre Arbeiten sind mir indes bisher nicht zugänglich.

der andere Beobachter, welcher sich in bezug auf den ersten mit einer konstanten Geschwindigkeit $v_1$ bewegt, d. h. der Lauf oder die Dauer der Zeit ist von der Geschwindigkeit abhängig, mit welcher sich das System in bezug auf den ruhigen Weltäther bewegt. Die Zeit hat ihren absoluten Charakter für das System und den in ihm sich befindenden Beobachter, welcher sich gegen den ruhigen Äther bewegt, verloren; nur für den ruhigen Weltäther, welchen wir nicht beobachten können, hat sie ihren absoluten Charakter im Newtonschen Sinne beibehalten; in diesem Sinne ist auch H. A. Lorentz ein Relativist. Dieser Standpunkt wird heutzutage noch von vielen auch sehr geschätzten Physikern, wie z. B. E. Wiechert [21]), vertreten, während sich M. Abraham gegen Lorentz und Einstein ziemlich skeptisch verhält [22]). Lorentz ist es gelungen, mit Hilfe seiner Theorie die Aberration des Fixsternlichtes, den Fizeauschen Versuch (Fresnelschen Koeffizient), das negative Resultat des Michelsonschen Versuches und noch einige Resultate anderer Experimente zu erklären. Die Lorentzschen Transformationsgleichungen (11) werden wir in der Einsteinschen speziellen Relativitätstheorie diskutieren, da sie auch in der letzteren vorkommen. Ich muß darauf hinweisen, was weniger bekannt ist, daß schon der französische Physiker H. Poincaré darauf aufmerksam gemacht hat, daß die Lorentzschen Transformationen eine Gruppe bilden; er hat schon 1900 (also 5 Jahre vor Einstein) gezeigt [23]), wie man die Uhren mittels

---

[21]) Vgl. seine schöne Abhandlung: »Der Äther im Weltbild der Physik.« Göttinger Nachrichten 1921, H. 1, S. 29—70; auch separat erschienen Berlin 1921. Wiechert verteidigt mit Erfolg die Existenz des Weltäthers gegen die Angriffe von M. v. Laue und N. Campbell. (Formeln werden nach Möglichkeit vermieden.)

[22]) Vgl. sein berühmtes Lehrbuch: Theorie der Elektrizität. II. Bd. 4. Aufl. Leipzig-Berlin 1920, S. 350—390. Die neueste Ausgabe ist mir nicht zugänglich.

[23]) Siehe das Buch, welches in Anmerkung 22 zitiert ist, S. 359. Es scheint, daß deswegen Poincaré in seinem Vortrage »Die neue Mechanik« (Leipzig-Berlin 1911) Einstein nicht einmal erwähnt.

der Lichtsignale auf die Lorentzsche Ortszeit richten kann. So war der Boden für die kühnen Spekulationen von Einstein vollkommen vorbereitet, welche Spekulationen rein formaler Natur sind. Von der Lorentzschen Theorie des ruhigen Weltäthers bis zu der Einsteinschen speziellen Relativitätstheorie brauchen wir nur noch einen Schritt zu machen.

---

## II. Die Einsteinsche spezielle und allgemeine Relativitätstheorie; die Minkowskische vierdimensionale Welt.

*Sucht nur die Menschen zu verwirren,*
*Sie zu befriedigen ist schwer — —*
*Was fällt euch an?*
Direktor. (Goethe: Faust, I. T.)

1. Da uns die Lorentzsche Theorie sagt, daß jedem Beobachter im System $S'$, welcher sich in bezug auf den ruhenden Äther mit der Geschwindigkeit $v_1$ bewegt, scheint, daß sich die elektromagnetischen (also auch die optischen) Erscheinungen so abspielen, als wenn er in bezug auf den ruhenden Äther ruhen würde, und da alle solche Systeme miteinander durch dieselben Transformationsgleichungen verbunden sind, wie auch mit dem ruhenden Äther, so kam im Jahre 1905 A. Einstein auf den Gedanken [24]), daß der Beobachter in jedem System mit gleichem Recht sein eigenes System als ruhendes annehmen kann, und für die anderen, daß sie sich bewegen, so daß wir kein Mittel haben, um zu entscheiden, welches System in Wirklich-

[24]) Vgl. seine erste und grundlegende Abhandlung: Zur Elektrodynamik bewegter Körper. Ann. d. Physik (4) Bd. 17, 1905, abgedruckt auch in Lorentz-Einstein-Minkowski: Das Relativitätsprinzip. 4. Aufl. 26—50, Leipzig-Berlin 1922; dann folgende leichter verständliche Bücher:

A. Einstein: Über die spezielle und allgemeine Relativitätstheorie. 10. Aufl. Braunschweig 1920. Die letzte Ausgabe ist mir nicht bei der Hand.

M. Born: Die Relativitätstheorie Einsteins. Berlin 1920. (Mit einem schönen Bilde von Einstein.) Jetzt ist auch schon die 2. Auflage erschienen.

O. Berg: Das Relativitätsprinzip der Elektrodynamik. Göttingen 1910. Sehr bequem für den Anfänger; es enthält auch einige kritische Bemerkungen.

keit ruht. Die letztgenannte Frage hat für ihn überhaupt keinen Sinn, da ja alle Bewegungen nur relativ sind; der Weltäther ist nur eine Hilfshypothese. Für die Beobachter in jedem System, welche sich gegeneinander mit irgendwelcher relativen Geschwindigkeit bewegen, pflanzen sich die elektromagnetischen Erscheinungen (also auch das Licht) mit gleicher Geschwindigkeit $c = 300\,000$ km/sec durch den leeren Raum fort. Dies kann man sehr leicht zeigen: Breitet sich das Licht im System $S(x, y, z, t)$ aus dem Ausgangspunkt mit der Geschwindigkeit $c$ nach allen Seiten aus, so wird es während der Zeit $t$ nach allen Richtungen die Entfernung $c\,t$ durcheilen, d. h. die Wellenfläche des Lichtes wird eine Kugel mit dem Mittelpunkt in dem Ausgangspunkte des Systems $S$. Wir können jetzt fragen, wie wird diese Erscheinung ein anderer Beobachter im System $S'(x', y', z', t')$ sehen, welcher sich in bezug auf das erste System $S(x, y, z, t)$ mit einer Geschwindigkeit $v_1$ bewegt. Einfachheitshalber werden wir annehmen, daß die beiden Systeme gerade in dem Momente übereinstimmten, als das Lichtsignal abgegeben wurde. Da dem Beobachter in $S$ nach der Zeit $t$ die Wellenfläche eine Kugel ist, so können wir dies mathematisch mittels der Kugelgleichung formulieren:

$$x^2 + y^2 + z^2 = (c\,t)^2, \tag{12}$$

und da die beiden Systeme $S$ und $S'$ durch die Lorentzschen Transformationsgleichungen (11) verbunden sind, so werden wir erhalten, wenn wir aus (11) die Werte für $x$, $y$, $z$, $t$ einsetzen:

$$x'^2 + y'^2 + z'^2 = (c\,t')^2, \tag{13}$$

d. h. auch dem Beobachter in dem System $S'$ (welcher sich gegen das System $S$ bewegt), wird es scheinen, als ob sich das Licht aus dem Ausgangspunkte seines Koordinatensystems in Kugeln nach allen Seiten ausbreitet, und zwar mit derselben Geschwindigkeit $c$. Daraus folgt, daß jetzt das Newtonsche Additionsgesetz der Geschwindigkeiten (10) nicht gelten wird. Denn nehmen wir noch ein drittes System $S''$ $(x'', y'', z'', t'')$, welches sich in bezug auf das zweite System $S'$ mit einer konstanten Geschwindigkeit $v_0$ längs der $x'$-Achse (siehe Abb. 2) bewegt, so sind beide mittels folgender Transformationsgleichungen verbunden:

$$(14)\ x' = \frac{x'' + v_0 t''}{\sqrt{1 - \frac{v_0^2}{c^2}}}, \quad y' = y'', \quad z' = z'', \quad t' = \frac{t'' + \frac{v_0}{c^2} x''}{\sqrt{1 - \frac{v_0^2}{c^2}}}.$$

Fragen wir uns, mit welcher Geschwindigkeit $v_2$ sich das dritte System $S''$ in bezug auf das erste System $S$ bewegt, so müssen wir in (11) für $x'$, $y'$, $z'$, $t'$ die Werte aus (14) einsetzen, und wir erhalten, daß die beiden Systeme $S$ und $S''$ wieder mittels der Lorentzschen Transformationsgleichungen verbunden sind:

$$(15)\quad x = \frac{x'' + v_2 t''}{\sqrt{1 - \frac{v_2^2}{c^2}}}, \quad y = y'', \quad z = z'', \quad t = \frac{t'' + \frac{v_2}{c^2} x''}{\sqrt{1 - \frac{v_2^2}{c^2}}},$$

wo:

$$(16)\qquad v_2 = \frac{v_1 + v_0}{1 + \frac{v_1 v_0}{c^2}}.$$

Auf diese Weise haben wir in der Einstein'schen speziellen Relativitätstheorie das Additionsgesetz der Geschwindigkeiten erhalten. Setzen wir z. B. $v_0 = c$ ein, so erhalten wir unmittelbar $v_2 = c$; gerade so, wenn wir $v_1 = v_0 = c$ einsetzen, bekommen wir $v_2 = c$, d. h. es existiert keine Geschwindigkeit, welche größer als die Lichtgeschwindigkeit wäre; sie ist die obere Grenze der Geschwindigkeit, welche ein Körper erreichen kann [25]).

[25]) Es scheint, daß sich das Schicksal gegen Einstein und seine Anhänger unschön benommen hat, da bemerkt wurde, daß sich das Licht z. B. in Metalldämpfen mit größerer Geschwindigkeit fortpflanzt als im »leeren« Raume. Deshalb verspottet der bekannte deutsche Physiker-Experimentator P. Lenard die Einsteinianer mit Recht. (Vgl. Über Äther und Uräther. S. 43. Leipzig 1921.) — Es ist mir in neuester Zeit gelungen, auf ganz elementarem Wege die Lorentzschen Transformationsgleichungen (11) auf die Galileische $(7)_{1,2}$ zurückzuführen, wo das Newtonsche Additionsgesetz der Geschwindigkeiten (10) gilt. Ich habe gleichzeitig gezeigt, daß ausgezeichnete Systeme vorhanden sind, und daß die beiden Beobachter, welche sich gegeneinander bewegen, in Wirklichkeit die Newtonsche absolute Zeit messen. Ich habe betont, daß alle Folgerungen, zu welchen uns die Einsteinsche spezielle Theorie führt, nur eine Fiktion sind. (Vgl. S. Mohorovičić: Beziehungen zwischen den

Aber die Lorentzschen Transformationsgleichungen (11), welche jetzt für zwei beliebige Systeme $S$ und $S'$ gelten, welche sich gegeneinander mit einer konstanten relativen Geschwindigkeit $v_1$ bewegen, führen uns zu seltsamen Folgerungen. Wenn der Beobachter im System $S'$ in dem Zeitpunkt $t' = 0$ die Länge $x = 1$ betrachtet, so folgt aus der ersten Gleichung (11), daß sie für ihn nur eine Länge $x' = 1 \cdot \sqrt{1 - \frac{v_1^2}{c^2}}$ haben wird. Die Fitz-Geraldsche und Lorentzsche Kontraktion erscheint hier nur als etwas scheinbares; in Wirklichkeit ist sie nicht vorhanden[26]).

---

Lorentzschen und den Galileischen Transformationsgleichungen. Ann. d. Physik (4) Bd. 67, 320—324, 1922.) Es ist mir so gelungen, die Theorien von Guillaume (1921), Adler (1920) und meine aus dem Jahre 1916 in eine einzige durchsichtige Theorie zusammenzuschmelzen. (Siehe Anmerkung 29.)

Ed. Guillaume hat in seiner Arbeit: Un résultat des discussions de la Theorie d'Einstein au Collège de France (Rev. génér. d. Scienc. pur. et appliqu. Bd. 33, 322—324, 1922) wieder seine Einwendungen gebracht, sowie die Diskussion, welche er mit Einstein und Langevin geführt hat. Er hat nämlich gezeigt, daß dem zweiten Beobachter die Wellenfläche nicht als Kugel, sondern als Ellipsoid erscheinen wird, und er sagt von Einstein: »Il reconnut l'existence de l'ellipsoide dans ses propres formules, mais ajouta qu'il n'était pas intéressant.«

Viele haben schon versucht, dieses Einsteinsche Additionsgesetz (16) zu illustrieren, um es verständlich zu machen (siehe Anmerkung 34). Ich habe es auf eine andere Art als Sommerfeld (Anmerk. 34) zu illustrieren getrachtet in der Arbeit: Beitrag zur nichteuklidischen Interpretation der Relativtheorie (Physik. Zs. Bd. 14, 988—989, 1913), wo unmittelbar ersichtlich ist, daß keine größere Geschwindigkeit als Lichtgeschwindigkeit möglich ist (selbstverständlich wenn dieses Einsteinsche Gesetz in Wirklichkeit gelten würde und wenn es nicht nur eine Fiktion wäre). Heute ist mir dies ganz klar, und ich mache auf meine, jedem leicht verständliche Arbeit in den Ann. d. Physik Bd. 67, 1922 aufmerksam.

In der neuesten Zeit ist die Einsteinsche und Guillaumesche Theorie von N. v. Raschevsky kritisiert worden (Zur Frage nach der physikalischen Bedeutung der Relativitätstheorie. Zs. f. Physik Bd. 10, 209—226, 1922). Er hat darauf aufmerksam gemacht, daß bei allen Versuchen in unserer Rechnung nicht die wahre Lichtgeschwindigkeit eingeht, sondern die sog. »berechnete Lichtgeschwindigkeit«, welche in allen Richtungen konstant ist (das Paschskysche Prinzip). Somit hat er in diese Theorie ein neues Moment hineingetragen.

[26]) Da sie in bezug auf ein anderes System $S''$ eine ganz andere ist.

So z. B. für $v_1 = \frac{\sqrt{3}}{2} c$ $\left(\text{etwa } 260\,000 \frac{\text{km}}{\text{sec}}\right)$ folgt $x' = \frac{1}{2}$. Dagegen ein Zeitintervall, welches im System $S$ z. B. $t = 1$ sec dauert, wird für den Beobachter im Ausgangspunkte ($x' = 0$) des Systems $S'$ nur $t' = 1.\sqrt{1 - \frac{v_1^2}{c^2}}$ dauern (dies folgt aus der vierten Gleichung (11)). In einem System, welches sich gegen uns mit einer relativen Geschwindigkeit $v_1$ bewegt, soll die Zeit scheinbar langsamer vergehen; in Wirklichkeit ist diese Zeitdilatation nicht vorhanden [26]. So z. B. für $v_1 = \frac{\sqrt{3}}{2} c$ $\left(\text{etwa } 260\,000 \frac{\text{km}}{\text{sec}}\right)$ folgt $t' = \frac{1}{2}$ sec.

Oben haben wir erörtert, daß es keinen Sinn hat, von einer absoluten Ruhe (Beharrung) auf einem ausgezeichneten Orte des Raumes zu reden, da wir jedes beliebige System entweder als ruhend betrachten können, oder so, daß es sich mit irgendeiner Geschwindigkeit $v$ bewegt, welche Geschwindigkeit kleiner als die Fortpflanzungsgeschwindigkeit des Lichtes im leeren Raum ist. Die Entfernung zweier Punkte im betrachteten System wird scheinbar eine verschiedene Länge haben, je nachdem wir annehmen, daß das System »ruht« oder daß es sich »bewegt«. Einstein hat also zu zeigen getrachtet, daß der Raum im Machschen Sinne relativ sei. Er ist aber noch weiter gegangen und wollte dies auch für die Zeit zeigen. Während für Newton die Begriffe wie »Zeitintervall«, »Gleichzeitigkeit«, »früher« und »später« einen absoluten Charakter gehabt haben, indem sie für jedes System gleich waren, sind für Einstein diese Begriffe durch und durch relativ. Für das Zeitintervall oder die Zeitdauer haben wir dies gezeigt, wir werden dies jetzt auch für die anderen erwähnten Zeitbegriffe zeigen. Geschehen im System $S'$, welches sich in bezug auf einen angeblich ruhenden Beobachter $S$ mit konstanter Geschwindigkeit $v_1$ bewegt $\left[\text{z. B. } v_1 = \frac{\sqrt{3}}{2} c \left(\text{etwa } 260\,000 \frac{\text{km}}{\text{sec}}\right)\right]$, zwei Ereignisse im Zeitpunkt $t' = 0$ gleichzeitig an zwei verschiedenen

Orten $x' = 0$ und $x' = \frac{c^2}{v_1}$ $\left[\text{z. B. } x' = \frac{2c}{\sqrt{3}} \text{ (etwa 346 000 km)}\right]$, dann ereignet sich für den angeblich ruhenden Beobachter im System $S$ das erste Ereignis im Zeitpunkt $t = 0$ und das zweite im $t = 1 : \sqrt{1 - \frac{v_1^2}{c^2}}$ [für den früheren Spezialwert wäre $t = 2$], also nicht gleichzeitig, sondern später [27]). Für Einstein ist auch die Zeit im Machschen Sinne ein relativer Begriff; jedes System hat seine eigene Zeit, und wir werden später sehen, wohin uns dies alles führt! Einstein selbst kam zu seiner Definition der angeblichen Gleichzeitigkeit mittels der Methode der Signalisierung. Befindet sich im Ausgangspunkte $A$ des Systems $S$ ein Beobachter mit einer Uhr und im Ausgangspunkte $B$ des Systems $S'$, welches sich gegen das erste System mit einer relativen Geschwindigkeit $v_1$ bewegt (siehe Abb. 2), ein anderer Beobachter mit einer Uhr, welche genau dieselben Eigenschaften hat wie die Uhr des Beobachters in $A$, so denkt Einstein, daß die beiden ihre Uhren auf angeblich gemeinsame Zeit nur dadurch einrichten können, daß einer dem anderen Lichtsignale sendet; er sagt wörtlich [28]): »Es ist aber ohne weitere Festsetzung nicht möglich, ein Ereignis in $A$ mit einem Ereignis in $B$ zeitlich zu vergleichen; wir haben bisher nur eine »$A$-Zeit« und eine »$B$-Zeit«, aber keine für $A$ und $B$ gemeinsame »Zeit« definiert. Die letztere Zeit kann nun definiert werden, indem man durch Definition festsetzt, daß die »Zeit«, welche das Licht braucht, um von $A$ nach $B$ zu gelangen, gleich ist der »Zeit«, welche es braucht, um von $B$ nach $A$ zu gelangen.« Freilich vergißt Einstein dabei, daß noch eine Unzahl anderer Festsetzungen (Definitionen) möglich ist und daß uns keine Methode zur Verfügung steht oder möglich ist, die Gleichheit der Eigenschaften der beiden Uhren in $A$ und $B$

---

[27]) Dies folgt aus der vierten Gleichung (11).

[28]) A. Einstein: Zur Elektrodynamik bewegter Körper. Ann. d. Physik (4) Bd. 17, 1905. Siehe auch Lorentz-Einstein-Minkowski: Das Relativitätsprinzip. 4. Aufl. S. 28; Leipzig-Berlin 1922.

experimentell festzustellen; deswegen müssen wir die Methode der Signalisierung (welche — wie wir betont haben — schon H. Poincaré 1900 aufgebracht hat), nur als eine Interpretation der Lorentzschen Formeln auffassen [29]).

Wir wollen nun noch einige Folgerungen erwähnen, zu welchen uns die Einsteinsche spezielle Relativitätstheorie führt. Spezielle wird diese Theorie deshalb genannt, weil sie auf völlig gleichförmige Translationen beschränkt ist. Die elektrischen und magnetischen Kräfte sind nicht mehr absolut, sondern ihre Größe ist abhängig von der relativen Geschwindigkeit $v_1$ des Systems $S'$; gerade so ist auch die Masse des Körpers nur eine relative Größe (die entsprechenden Formeln finden wir in besseren Darstellungen oder Lehrbüchern [30]). Jedenfalls ist aber das auffälligste und verführerischste Resultat der

---

[29]) Dies habe ich schon vor sechs Jahren betont; S. Mohorovičić: Über die räumliche und zeitliche Translation. I. T. »Bulletin« d. südslaw. Akad. d. Wiss. H. 6/7, S. 48, Zagreb 1916—17. Vgl. auch Ed. Guillaume-Ch. Willigens: Über die Grundlagen der Relativitätstheorie. Physik. Zs. Bd. 22, 109—114; 1921; Ed. Guillaume: Graphische Darstellung der Optik bewegter Körper. Physik. Zs. Bd. 22, 386—388, 1921; S. Mohorovičić: Die Folgerungen der allgemeinen Relativitätstheorie und die Newtonsche Physik. Naturwiss. Wochenschr. N. F. Bd. 20, 737—739, Jena 1921.

[30]) Außer den Darstellungen, welche in der Anmerkung 24 erwähnt sind, werde ich noch einige Darstellungen und Lehrbücher anführen, welche im Einsteinschen Geiste geschrieben sind:

L. Fabre: Les Théories d'Einstein — Une nouvelle figure du monde. — Avec une préface de M. Einstein. Paris 1921.

A. S. Eddington: Espace, Temps et Gravitation. Paris 1921 (aus dem Englischen übersetzt von J. Rossignol).

A. Koppf: Grundzüge der Einsteinschen Relativitätstheorie. Leipzig 1921. Ein sehr bequemes Buch für die Studierenden, da es uns leicht mit den Elementen der Tensoranalysis bekannt macht.

M. v. Laue: Die Relativitätstheorie. I.: Das Relativitätsprinzip der Lorentztransformation. 4. Aufl. — II.: Die allgemeine Relativitätstheorie und Einsteins Lehre von der Schwerkraft. Braunschweig 1921. Dieses Werk ist streng wissenschaftlich geschrieben; der Leser muß gut alle Teile der theoretischen Physik beherrschen.

In ganz eigenartigem Sinne und in sehr schwerer mathematischer Form ist das Werk verfaßt: Th. de Donder: La gravifique einsteinienne. Ann. de l'Observat. royal. de Belgique. Sér. 3, T. I, Fasc. 1, 75—268. Bruxelles 1921 (auch separat erschienen in Paris).

Einsteinschen Theorie, daß die Masse $m$ des Körpers mit seiner Energie $E$ proportional wird, d. h.

$$m = \frac{E}{c^2}; \tag{17}$$

strahlt z. B. ein Körper die Energie in irgendwelcher Form aus, so verliert er an den Massen, und umgekehrt. Ich muß aber erwähnen, daß uns auch die Lorentzsche Theorie zu demselben Resultat führt, und, was das Wichtigste ist, auch die klassische Physik. Trotz alledem braucht diese Relation noch nicht der Wirklichkeit zu entsprechen; vielleicht ist sie nur ein scheinbares Resultat — eine Fiktion — wie auch die übrigen Folgerungen der Einsteinschen Theorie [31]).

*Grellstes Licht ist tiefstes Dunkel,*
*Allzu große Klugheit Dummheit,*
*Übermenschlich Schreien Stummheit;*
*Wahrheit, wenn sie übertrieben,*
*Eine Weisheitsschrift, geschrieben*
*Rückwärts; Feigheit oft Verwegenheit.*

Peer Gynt. (Ibsen: Peer Gynt, IV. — Nach deutscher Übersetzung von Passarge.)

2. In der Einsteinschen speziellen Relativitätstheorie hat jedes System so zu sagen seinen eigenen Raum, welcher sich zusammen mit ihm bewegt und in welchem eine eigene Zeit herrscht, d. h. eine andere Zeitdauer. Alle diese Räume durchdringen sich gegenseitig, und in jeder dieser Welten geschehen unabhängig fast gleiche Ereignisse [31a]). Gleichzeitig bestehen gerade so viele fast gleiche Welten wie Systeme (Beobachter); jede dieser Welten ist

---

[31]) Vgl. z. B. E. Gehrcke: Die Grenzen der Relativität. »Die Umschau« Nr. 24, 381—382; 1922.

[31a]) Darauf haben zuerst E. Gehrcke (vgl. Anmerk. 32 a) und M. Palágyi (Die Relativitätstheorie in der modernen Physik. S. 54, Berlin 1914) aufmerksam gemacht. So sagte z. B. E. Gehrcke (a. a. O., S. 486): »Folglich muß jeder Beobachter seine Welt, d. h. sein Raum-Zeit-System mit physikalischem Inhalt, für sich haben, das von der Welt jedes andern Beobachters verschieden ist und nichts mit ihr zu tun hat.« Es ist ein sehr großes Verdienst von E. Gehrcke, daß er die Philosophen auf die inneren Schwächen der Relativitätstheorie zuerst aufmerksam gemacht hat.

ähnlich wie die Spinoza-Leibnizsche Monade ohne Fenster; sie alle sind nur zwischeneinander, mittels der Lorentzschen Transformationsgleichungen verbunden [32]). Dieser übertriebene und extravagante Relativismus, welcher — wie wir dies in den Schlußbemerkungen sehen werden — konsequent bis zu den letzten Grenzen durchgeführt zur Absoluttheorie führt, führt uns auch in der Physik zum Solipsismus, worauf zuerst E. Gehrcke aufmerksam gemacht hat [32 a]). Die Physik geht langsam, aber immer mehr und mehr in die Mathematik und Metaphysik über, und es war deshalb kein Wunder, daß der Physiker-Positivist Mach den Einsteinschen Spekulationen nicht geneigt war, so daß er in der letzten Ausgabe seiner berühmten »Mechanik« Einstein unter den Relativisten nicht erwähnt, und im Vorwort seiner nachgelassenen »Optik« von Einsteins Theorie ausdrücklich abrückt. Noch tiefer in die Metaphysik ist aber mit seinen Spekulationen Hermann Minkowski geraten. Da uns die Lorentzschen Transformationsgleichungen (11) sagen, die Zeit und der Raum seien in jedem System miteinander verbunden, so jubelte Minkowski 1908 in seinem berühmten Vortrage [33]): »Von Stund' an sollen Raum für sich und Zeit für sich völlig zu Schatten herabsinken, und nur noch eine Art Union der beiden soll Selbständigkeit bewahren«, und weiter: »Es hat niemand einen Ort anders bemerkt als zu einer Zeit, eine Zeit anders als an einem Orte. Ich respektiere aber noch das Dogma, daß Raum und Zeit je eine unabhängige Bedeutung haben.« Minkowski nimmt an, daß die Welt vierdimensional sei; die Längen in der vierten Dimension wären den Zeitintervallen proportional; die vierte Dimension verhält sich gegen drei räumliche Dimensionen wie die imaginäre Einheit gegen die reellen Einheiten, was schon weit früher M. Palágyi angenommen hat, ohne den ganz disparaten Charakter des Raumes und der Zeit zu

---

[32]) J. Petzoldt: Kausalität und Relativitätstheorie. Zs. f. Physik Bd. 1, 467—474; 1920.

[32 a]) Siehe die grundlegende Abhandlung von E. Gehrcke: Die erkenntnistheoretischen Grundlagen der verschiedenen Relativitätstheorien. S. 486; Kantstudien XIX, Berlin 1914. — Vgl. auch Anmerk. 14, S. 84.

verlassen[33a]). Auf diese Weise gelangen wir zu der vierdimensionalen Raumzeitmannigfaltigkeit, von Minkowski »Welt« genannt. Bezeichnen wir, wie auch bis jetzt, die drei räumlichen Koordinaten mit $x$, $y$, $z$, so werden wir die vierte, zeitliche mit $l = i\,c\,t$ bezeichnen, wo $i = \sqrt{-1}$ die imaginäre Einheit ist; $c\,t$ ist der Weg, welchen das Licht während der Zeit $t$ durchläuft. Jeder Punkt, wenn er auch in unserem dreidimensionalen Raume ruht, beschreibt in der vierdimensionalen Welt eine Linie, da für sie auch die Zeit vergeht. Die Entfernung zweier Weltpunkte beträgt jetzt:

$$(18) \quad s = \sqrt{x^2 + y^2 + z^2 + l^2} = \sqrt{x^2 + y^2 + z^2 - c^2 t^2}$$

und wir haben gesehen, daß dieser Ausdruck gegen die Lorentzschen Transformationsgleichungen kovariant ist [siehe Gleichungen (12) und (13)], d. h. sie geben ihn für das zweite System in derselben Form wieder:

$$(19) \quad s = \sqrt{x'^2 + y'^2 + z'^2 + l'^2} = \sqrt{x'^2 + y'^2 + z'^2 - c^2 t'^2}.$$

Diese imaginär-reelle, d. h. komplexe Welt wäre auch unbeweglich, in ihr existieren keine Bewegungen und herrscht vollkommene Lethargie (Ruhe). In dieser Welt bewegen sich nur die Beobachter längs der vierten imaginären Dimension, und da sie nur ihren dreidimensionalen räumlichen Teil bemerken können, werden sie jeden Moment eine andere dreidimensionale räumliche Projektion sehen, und es wird ihnen vorkommen, als ob sich die einzelnen Punkte bewegten. Ähnlich also wie in dem Kinematograph: auf jedem einzelnen Bilde des Films sind die Punkte unbeweglich; schauen wir auf der Wand jeden Moment eine andere Projektion, so werden wir Bewegungen sehen, welche in Wirklichkeit auf dem Film nicht existieren. Der Bewegung des Beobachters $S'$ gegen den Beobachter $S$ mit konstanter relativer Geschwindigkeit $v_1$ in dem dreidimensionalen Raume, welche mittels der Lorentzschen Transformationsgleichungen verbunden sind, entspricht in Wirklichkeit nur eine Drehung des Koordinatensystems in der vierdimensio-

[33a]) M. Palágyi: Neue Theorie des Raumes und der Zeit. Leipzig 1901.

nalen Welt um einen imaginären Winkel $\varphi_1$ [34]). Es scheint mir persönlich, als wenn Minkowski die Kluft überwinden wollte, welche zwischen Heraklit und den Eleaten besteht, und daß ihm auf diese Weise die Heraklitsche relativistische Lehre des Werdens mit der Eleatischen Lehre des unbeweglichen und toten Seins zu verbinden gelungen sei [35]).

---

[34]) A. Sommerfeld: Über die Zusammensetzung der Geschwindigkeiten in der Relativitätstheorie. Physik. Zs. Bd. 10, Nr. 22, 1909.

Sommerfeld ist von der Grundrelation $\operatorname{tg} \varphi = i \frac{v}{c}$ ausgegangen, und hat gezeigt, daß z. B. für die Zusammensetzung der Geschwindigkeiten (das Einsteinsche Gesetz) die Formeln der Geometrie auf imaginärer Kugel gelten. In Anmerkung 13 haben wir darauf aufmerksam gemacht, daß die zirkulären Funktionen mit einem imaginären Argument in die hyperbolischen Funktionen des reellen Argumentes übergehen (siehe z. B. die Formeln (4) bis (6)), und daß auf der imaginären Kugel die Bolyai-Lobatschefskijsche Geometrie herrscht. Diese Tatsache, welche wir nie vergessen dürfen, führte ein halbes Jahr später V. Varićak auf den Gedanken (Anwendung der Lobatschefskijschen Geometrie in der Relativitätstheorie. Physik. Zs. Bd. 11, 93—96, 1910; später folgte eine ganze Reihe von Abhandlungen über denselben Gegenstand) sein Glück mit der Bolyai-Lobatschefskijschen Geometrie zu versuchen, um mit ihrer Hilfe die verschiedenen Formeln der speziellen Relativitätstheorie zu interpretieren. (Varićak geht von der analogen Relation $\operatorname{th} u = \frac{v}{c}$ aus). Ich muß aber darauf aufmerksam machen, daß diese Interpretation nicht einheitlich ist, was auch vollkommen verständlich ist, wenn wir die Tatsache berücksichtigen, daß in der Minkowskischen komplexen Welt unsere gewöhnliche euklidische Geometrie gilt, und nicht die Riemannsche Geometrie. Dies alles wird die Ursache sein, daß diese dreidimensionale Interpretation (öfters wäre besser zu sagen Illustration) in den Lehrbüchern von M. v. Laue, Born, Weyl und Eddington nicht einmal erwähnt wird. Die schlechte Seite der beiden erwähnten Interpretationen besteht darin, daß sie allgemein in der allgemeinen Relativitätstheorie nicht anwendbar sind, da in der letzten — wie wir sehen werden — allgemein weder unsere gewöhnliche euklidische Geometrie noch die Bolyai-Lobatschefskijsche gilt.

[35]) Siehe wegen dieser zwei naturphilosophischen Richtungen jede bessere Einführung oder Geschichte der Philosophie, wo auch andere philosophische Richtungen erwähnt sind, z. B. Fr. Ueberweg-Heinze: Grundriß der Geschichte der Philosophie. I—III (zehnte und elfte Auflage), Berlin 1909—1914; ferner S. Zimmermann: Uvod u filozofiju. Zagreb 1922 (der Verf. ist ein Vertreter der scholastischen Philosophie).

*Ein Mann, der recht zu wirken denkt,*
*Muß auf das beste Werkzeug halten.*
Direktor (Goethe: Faust, I. T.).

3. In der speziellen Relativitätstheorie bereitet die Rotation um die Achse große Verwirrungen, da sie in dieser Theorie nur teilweise relativ ist. Bewegt sich im System $S$ ein Punkt mit konstanter Winkelgeschwindigkeit $\omega$ auf einem Kreise, so wird es dem Beobachter im System $S'$, welcher sich gegen den ersten mit der relativen Geschwindigkeit $v_1$ bewegt, scheinen, daß dieser Punkt sich längs einer Ellipse mit größerer Winkelgeschwindigkeit bewegt [36]):

$$\omega' = \frac{\omega}{\sqrt{1 - \frac{v_1^2}{c^2}}}; \tag{20}$$

deswegen werden auch die Zentrifugalkräfte, welche bei der Rotation auftreten, nur teilweise relativ. Sie sind aber auch absolut, da sie — wie auch in der klassischen Physik — nur bei der absoluten Rotation auftreten und nicht bei der relativen. E. Gehrcke, welcher unter den ersten auf diesen Umstand aufmerksam gemacht hat [37]), nahm an, daß die Zentrifugalkräfte nur bei absoluter Rotation auftreten, und ihre Ursache liegt nicht wie bei Newton im absoluten Raume, sondern im Äther, welcher unseren ganzen Erfahrungsraum erfüllt. Man

---

[36]) Vgl. z. B. S. Mohorovičić: Die Kreisbewegung in der Relativitätstheorie. Bulletin d. südslaw. Akad. d. Wiss. H. 6/7, 34—37; Zagreb 1916—17.

[37]) Vgl. z. B. E. Gehrcke: Zur Kritik und Geschichte der neueren Gravitationstheorien. Ann. d. Physik (4) Bd. 51, 119—124, 1916, wo auch weitere Literatur angeführt ist. In dieser Arbeit hat E. Gehrcke sehr klar gezeigt, daß auch die allgemeine Relativitätstheorie bezüglich der Relativität der Rotationen zu physikalisch unmöglichen Annahmen führt. Er sagt ausdrücklich: »Ich habe bereits früher dargelegt (Verh. d. Deutsch. Phys. Ges. Bd. 13, S. 666 u. 993; 1911), daß ein solches Prinzip physikalisch undurchführbar ist, wenn man sich auf ponderable Massen beschränkt, wie es Einstein tut. Jedenfalls kann bei dieser Sachlage höchstens einer von uns, entweder Einstein oder ich, etwas Richtiges behaupten«; und in der Anmerkung: »Wohl aber macht die Annahme des Äthers ein allgemeines Relativitätsprinzip annehmbar. Dieses ist indessen nicht das Einsteinsche.«

kann nicht die Schönheit und die Logik dieser Gehrckeschen Erklärung ableugnen, welcher zu gleicher Zeit der erste und ausgezeichnetste Gegner der Einsteinschen Theorien ist, aber Einstein selbst konnte nicht die Gehrckesche Erklärung annehmen, aus dem Grunde, weil erstens nach seiner speziellen Theorie der Weltäther nicht existieren soll, und weil zweitens der teilweise absolute Charakter der Rotation für ihn ein großer Mangel der speziellen Theorie gewesen wäre. Deshalb trachtete Einstein seine Relativitätstheorie so weiter auszubauen, daß auch die Rotation im Machschen Sinne eine vollkommen relative Bewegung wäre. Die Zentrifugalkräfte, welche bei der Rotation auftreten, hätten ihre Ursache — wie auch bei Mach — in den Gravitationskräften (d. h. in der Wirkung der Schwerkraft) der ganzen Welt, also hauptsächlich sehr entfernter Fixsterne. Diese erweiterte Theorie — oder wie sie Einstein nennt — die allgemeine Relativitätstheorie, wird nicht nur elektromagnetische Erscheinungen, sondern auch Gravitationserscheinungen beherrschen müssen. Dieser seiner Theorie hat Einstein im Jahre 1915 die endgültige Form gegeben [38]; in ihr sind alle Systeme gleichberechtigt, d. h. die Naturgesetze sind kovariant für jedes System, welches sich mit irgendwelcher konstanten oder veränderlichen relativen Geschwindigkeit bewegt, welche kleiner als die Lichtgeschwindigkeit $c$ ist, und zwar ganz gleich, ob sich dieses System längs einer Geraden oder längs irgendeiner Kurve bewegt. Wir können sofort sehen, zu welchen Folgerungen uns dies führt: Bewegt sich in einem System ein Punkt mit einer gleichförmigen Geschwindigkeit längs einer Geraden, so wird dem Beobachter in dem System, das sich in bezug auf das erste mit einer ungleichförmigen Bewegung längs einer Kurve bewegt, scheinen, als ob der betrachtete Punkt sich ebenfalls mit einer ungleichförmigen Geschwindigkeit längs einer Kurve bewegte. Deshalb scheint es dem zweiten Beobachter, als ob auf den betrachteten Punkt die Kräfte wirken, welche im ersten System ganz andere

---

[38]) A. Einstein: Die Grundlage der allgemeinen Relativitätstheorie. Ann. d. Physik (4) Bd. 49, 1916; erschienen auch separat in Leipzig.

sind oder welche dort nicht einmal existieren. Alle diese Kräfte sind für Einstein gravitationellen Charakters, d. h. für den Beobachter im zweiten System bewegt sich der erwähnte Punkt im Gravitationsfelde. Das Licht, welches sich für den ersten Beobachter nach allen Seiten in Geraden mit gleichförmiger Geschwindigkeit $c$ fortpflanzt, wird sich für den zweiten Beobachter, für welchen das Gravitationsfeld existiert, mit ungleichförmiger Geschwindigkeit längs gekrümmter Linien fortpflanzen. Daraus folgt, daß die Lichtgeschwindigkeit vom Gravitationsfelde abhängig ist, sie ist nicht mehr wie in der speziellen Relativitätstheorie eine universale Konstante. Das geradlinige Koordinatensystem des ersten Beobachters wird dem zweiten Beobachter als krummlinig erscheinen, und umgekehrt; und noch mehr: alle vier Koordinatenachsen werden fortwährend ihre Form ändern (Molluske). Wenn der erste Beobachter die Entfernung zweier unendlich benachbarter Punkte mittels seiner geradlinigen Koordinatenachsen $x_1$, $x_2$, $x_3$, $x_4$ rechnet, so wird sie[39]):

$$(21) \qquad ds^2 = -(dx_1^2 + dx_2^2 + dx_3^2) + dx_4^2;$$

dagegen sind für den zweiten Beobachter, für welchen das Gravitationsfeld besteht, diese Koordinaten krummlinig, so daß für ihn wird:

$$(22) \qquad ds^2 = g_{11}\, dx_1^2 + 2\, g_{12}\, dx_1 dx_2 + \cdots + g_{44}\, dx_4^2.$$

Die Funktionen $g_{11}, g_{12}, \ldots, g_{44}$ sind allgemein auf jedem Orte der Welt verschieden, und sie gerade charakterisieren das Gravitationsfeld, deshalb werden sie von Einstein die Gravitationspotentiale genannt. Das Gravitationsfeld ist also charakterisiert und bestimmt durch 10 Potentiale, während es in der klassischen Physik durch ein einziges bestimmt ist; daraus sehen wir schon, wie die allgemeine Relativitätstheorie von

[39]) Die unendlich kleinen Größen bezeichnet man in der Mathematik so, daß man vor die Variable das Zeichen $d$ (Differential) setzt. In der weiteren Darlegung vermeide ich absichtlich die sehr komplizierte mathematische Seite der allgemeinen Relativitätstheorie.

mathematischer Seite äußerst kompliziert ist (die »vierdimensionale Tensoranalysis«). Ich muß aber noch betonen, daß die Einsteinsche Welt, zum Unterschied von der Minkowskischen Welt, ganz real ist, da $x_4 = ct$.

Die Dauer aller Erscheinungen und Vorgänge, also die Zeit, ist von der Stärke und Natur des Gravitationsfeldes abhängig, gerade so wie auch die Fortpflanzungsgeschwindigkeit des Lichtes. Daraus folgt, daß die Zeit und die Lichtgeschwindigkeit in enger gegenseitiger mathematischer Verbindung stehen; der Mathematiker-Relativist würde sagen, die Zeit sei eine Funktion der Lichtgeschwindigkeit [40]). Je stärker das Gravitationsfeld ist, desto kleiner ist die Fortpflanzungsgeschwindigkeit des Lichtes, und die Zeit fließt auch langsamer. Deshalb müßten nach der Einsteinschen Theorie z. B. auf der Sonne die Elektronen in den Atomen langsamer schwingen, d. h. die Spektrallinien des Sonnenlichts würden in bezug auf die Spektrallinien der irdischen Lichtquellen gegen das rote Ende des Spektrums verschoben. Es scheint, daß die Resultate der experimentellen Messungen diese Folgerung der Einsteinschen Theorie nicht bestätigen, und dies ist ein schwerer Schlag für sie [41]).

---

[40]) Ich muß erwähnen, daß allgemein im Gravitationsfelde die Fortpflanzungsgeschwindigkeit des Lichtes in verschiedenen Richtungen an demselben Orte verschieden sei, was bisher experimentell selbstverständlich nicht bewiesen ist. — Der obere Ausdruck kommt dem ernsten und nüchternen Naturforscher ziemlich verdächtig vor, worauf wir noch zum Schlusse eingehen werden.

[41]) Wer sich etwas ausführlicher über die experimentelle Prüfung der Relativitätstheorie informieren will, sollte den ersten Teil der vorzüglichen Abhandlung von E. Wiechert durchlesen: Die Gravitation als elektrodynamische Erscheinung. Ann. d. Physik (4) Bd. 63, 301—381, 1920. Vgl. auch meine in Anmerkung 4 zitierte Arbeit. — Ich habe unlängst gezeigt (Die Rotverschiebung der Spektrallinien vom Standpunkt der Newtonschen Physik. Ann. d. Physik (4) Bd. 66, 227—228, 1921), daß zu demselben Resultat uns auch die klassische Physik führt, wenn wir annehmen, daß dem Lichte die Maße gehören (J. Soldner, E. Lihotzky, S. Lothigius). — Vgl. besonders M. v. Laue: Theoretisches über neue optische Beobachtungen zur Relativitätstheorie. Physik. Zs. Bd. 21, 659—662, 1920, dann »Nachtrag« in Physik. Zs. Bd. 22, 332; 1921.

*Auf den Schlußvers kommt es vor allem an.*
Peer Gynt. (Ibsen: Peer Gynt V. — Nach deutscher Übersetzung von Passarge.)

4. Nach dem Fermatschen Satz pflanzt sich das Licht im leeren Raume längs der kürzesten Verbindungslinie zweier Punkte fort, d. h. längs der geodätischen Linie. Für Newton war der Raum euklidisch, d. h. in ihm herrscht unsere gewöhnliche Geometrie; das Licht pflanzte sich danach durch den Weltraum

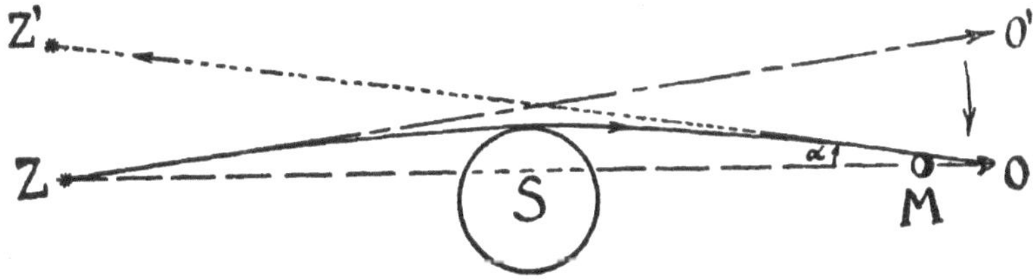


Abb. 3. Kommt zwischen dem Beobachter $O$, welcher sich auf der Erde befindet, und der Sonne $S$ der Mond $M$ so zu stehen, daß auf einem Teile der Erdoberfläche, an welchem sich der Beobachter $O$ befindet, eine totale Sonnenfinsternis entsteht, dann kann geschehen, daß wir einen Stern $Z$ sehen, welcher sich hinter der von dem Monde bedeckten Sonnenscheibe befindet. Der Lichtstrahl $ZSO'$ kann das Auge des Beobachters $O$ nicht erreichen, nun soll aber der Strahl $ZO'$ von der Sonne angezogen werden; außerdem dieser Strahl eine Brechung im Gravitationsfelde der Sonne erleiden. Dem Beobachter $O$ wird es also scheinen, als ob sich der Stern $Z$ in $Z'$ befindet, d. h. er wird von der Sonne in radialer Richtung um einen Winkel $\alpha$ verschoben, welcher Winkel äußerst klein ist. Es ist selbstverständlich, daß wir hier die eventuelle Strahlungsbrechung in der Sonnenatmosphäre nicht berücksichtigt haben. — Die Abbildung ist hier sehr übertrieben, aber korrekt gezeichnet.

in Geraden fort. In der Einsteinschen allgemeinen Relativitätstheorie ist dem nicht so, da das Licht eines Fixsternes, wenn es z. B. nahe an der Sonne vorbeigeht, nicht eine Gerade, sondern eine gekrümmte Linie beschreibt (siehe Abb. 3). Da diese gekrümmte Linie jetzt die kürzeste Verbindungslinie zweier Punkte wäre, welche an ihr liegen, so sehen wir, daß der Weltraum nicht mehr euklidisch (ohne Krümmung) sein würde, sondern nichteuklidisch, d. h. er wird in der Nähe der Materie außerordentlich wenig gekrümmt. Ein Fixstern, dessen Licht gerade an dem Sonnenrande vorbei zu uns gelangt, wird uns von der Sonne in radialer Richtung um 1,7 Bogensekunden weggerückt erscheinen, was wir selbstverständlich nur während der totalen Sonnenfinsternis sehen können. Nicht einmal diese

Folgerung der Einsteinschen Relativitätstheorie ist ein unzweifelhafter Beweis für ihre Richtigkeit, da wir auch in der Newtonschen Physik — wenn das Licht Energie, also auch schwere Masse hat, — zu dieser Verschiebung gelangen, nur ist sie halb so groß als der Einsteinsche Wert, wenn man das Licht als von gleicher Schwere wie die Materie annimmt. Dies hat schon im Jahre 1801 der deutsche Astronom J. Soldner berechnet und auf die Möglichkeit einer experimentellen Bestätigung aufmerksam gemacht [42]). Zu demselben Resultat sind später A. S. Eddington und E. Lihotzky [43]) gelangt. Im J. 1915 hat Courvoisier noch die jährliche Refraktion gefunden, welche nach den Rechnungen von Th. Banachiewiecz [44]) auf dem Sonnenrande etwas mehr als 0,5 Bogensekunden beträgt; diesen Betrag muß man jetzt in dem beobachteten Wert in Anrechnung bringen. Am 21. September 1922 ist wieder eine totale Sonnenfinsternis, welche im Indischen Ozean sichtbar wird. Schon bereiten sich mehrere Expeditionen vor, und wir können hoffen, uns wieder ein wenig der Lösung des Problems zu nähern [44a]).

---

[42]) J. Soldner: Über die Ablenkung eines Lichtstrahls von seiner geradlinigen Bewegung durch die Attraktion eines Weltkörpers, an welchem er nahe vorbei geht. (1801.) Mit einer Vorbemerkung von P. Lenard. Ann. d. Physik (4) Bd. 65, 593—604, 1921. Hier ist diese Arbeit wieder abgedruckt, und es ist wert, das Lenardsche Vorwort zu lesen, wo er auf die Arbeiten des bekannten Theoretikers Hasenöhrl aufmerksam macht, da der letztgenannte als erster zu dem Resultat gelangte, die Maße sei von der Geschwindigkeit abhängig (auch ohne die Einsteinsche Theorie).

[43]) E. Lihotzky: Zur Frage der Verschiebung der scheinbaren Fixsternorte in Sonnennähe. Physik. Zs. Bd. 22, 69—71, 1921, dann die Berichtigung von A. Kopff 495—496.

[44]) T. Banachiewicz: »Einsteiniana.« »Antecedente« de Einstein. Circulaire de l'Observ. de Cracovie Nr. 10, 1921, und besonders in demselben Heft: »Einsteiniana«. Deflexione de radios de luce per Sole (S. 7; geschrieben in künstlicher Sprache »latino sine flexione«).

[44a]) Diese Expeditionen haben inzwischen stattgefunden. Die deutsch-holländische und die englische Expedition sind verregnet und konnten während der Sonnenfinsternis keine Fixsterne beobachten, die amerikanische Expedition hat photographische Aufnahmen erhalten, deren Endergebnis noch nicht bekannt wurde.

Eine weitere Folgerung der speziellen und der allgemeinen Relativitätstheorie ist die Verschiebung des Perizentrums der Elektronen und des Perihels der Planeten. Den ersten Umstand hat A. Sommerfeld [45]) bei der Erklärung der Feinstruktur der Spektrallinien benutzt, indem er angenommen hat, zwischen den negativen Elektronen und ihren positiven Kernen in den Atomen wirken nur die Kräfte, welche elektromagnetischer Natur seien; in neuester Zeit mehren sich die ernstesten Stimmen gegen diese Theorie [46]). In der allgemeinen Relativitätstheorie hat Einstein versucht, die Perihelverschiebung der Planeten zu erklären, und er gelangte zu derselben Formel [47]), welche längst vorher P. Gerber [48]) gefunden hat, unter der Voraussetzung, daß die Wirkung der Gravitation (der Schwerkraft) sich im Raume nicht unendlich rasch fortpflanzt. Diese

[45]) A. Sommerfeld: Atombau und Spektrallinien. 3. Aufl. 8. Kapitel, Braunschweig 1922.

[46]) Besonders die experimentellen Untersuchungen von E. Gehrcke und E. Lau. (Siehe auch J. Stark: Natur der chemischen Valenzkräfte. Leipzig 1922.) Vgl. besonders die neueste Arbeit von E. Gehrcke u. E. Lau: Über die Balmerserie des Wasserstoffs. (II. Mitt.). Ann. d. Physik 67, 388—394, 1922. Auf Grund von sehr sorgfältigen experimentellen Untersuchungen gelangen die Verfasser unter anderem zu folgendem sehr wichtigen Resultat (S. 393): »Bemerkenswert ist, daß der experimentell gefundene Wert 8,8 von $\Delta\nu \cdot 10^{-9}$ gerade derjenige ist, welcher nach Lenz sich aus der Abrahamschen Annahme des starren Elektrons ergibt. Herr Sommerfeld hat geglaubt, seines ‚relativistischen' Feinstrukturwertes 10,95 ganz sicher zu sein und davon gesprochen, daß die (Abrahamsche) ‚Absoluttheorie an den spektroskopischen Tatsachen Schiffbruch leidet und den von ihr früher behaupteten Platz endgültig an die Relativitätstheorie abgeben muß'. Unter Annahme dieser Auffassung über die Bedeutung der spektroskopischen Feinstrukturmessungen würde man aus unsern Versuchen geneigt sein, zu schließen, daß diese Versuche die Abrahamsche Theorie des starren Elektrons bestätigen.« Vgl. auch E. Lau: Feinstrukturkonstante. Univerzum I, H. 4/5; Zagreb 1922.

[47]) A. Einstein: Erklärung der Perihelbewegung des Merkur aus der allgemeinen Relativitätstheorie. Sitzb. d. preuß. Akad. d. Wiss. XLVII, 831—839, 1915.

[48]) P. Gerber: Die Fortpflanzungsgeschwindigkeit der Gravitation. Programmabh. Realgymn. Stargard i. Pomm. 1902, auch in Ann. d. Physik (4) Bd. 52, 415—444, 1917.

Formel gibt uns für den Planeten Merkur wahrscheinlich einen zu großen Wert, während sie sich mit der Verschiebung der übrigen inneren Planeten in keiner Übereinstimmung befindet. Bei den vier inneren Planeten (Merkur, Venus, Erde und Mars) sind auch andere Anomalien konstatiert, und zwar: die Knotenverschiebung und die Änderung der Bahnneigung, in welcher die Planeten die Sonne umkreisen. Alles dies wird von der Relativitätstheorie nicht besonders erklärt [49]); dagegen hat alle diese Anomalien H. Seeliger im Rahmen der Newtonschen Physik erklärt [50]), unter der Annahme, daß zwischen der Sonne und dem Mars ganz kleine Körper kreisen, welche meistens zwischen der Sonne und dem Merkur vorhanden sind. Diese kleinen Körperchen sehen wir nach dem Sonnenuntergang als Zodiakallicht: ihre Gesamtmasse wäre kaum $^1/_{100}$ der Erdmasse. Aus allen obigen Darlegungen geht klar hervor, daß von der experimentellen Bestätigung der allgemeinen Relativitätstheorie keine Rede sein kann, um so mehr, als auch andere Theorien zu den gleichen Resultaten gelangen [51]).

Einstein ist noch weiter gegangen, indem er vorausgesagt hat, die gesamte Größe der Welt sei endlich und nicht unendlich

---

[49]) H. Kienle: Die Bewegung der vier inneren Planeten mit besonderer Berücksichtigung der Bewegung des Merkurperihels. Die Naturwiss. Bd. 10, H. 10—11, 1922.

[50]) Vgl. die Wiechertsche Arbeit in der Anmerkung 41 und diejenige in der Anmerkung 49.

[51]) Ich werde nur noch einige neuere Gravitationstheorien erwähnen: E. Reichenbächer: Grundzüge zu einer Theorie der Elektrizität und der Gravitation. Ann. d. Physik (4) Bd. 52, 134—173, 1917 und eine ganze Reihe von späteren Abhandlungen in derselben Zeitschrift. — Dann die Wiechertsche elektrodynamische Theorie: siehe die Anmerkung 41. — S. Mohorovičić: Eine elementare Theorie der Gravitation. Naturwiss. Wochenschr. N. F. Bd. 21, 145—153, 1922. — Alle diese Theorien geben z. B. für die Ablenkung des Lichtstrahles, welcher an dem Sonnenrande vorbeigeht, nur die Hälfte des Einsteinschen Wertes (wie auch die klassische Physik). Ich bin nachträglich darauf gekommen, daß die Ursache darin liegt, daß alle diese drei Theorien die Veränderung der Ätherdichte im Gravitationsfelde nicht berücksichtigen; auch Einstein war gezwungen, den Äther in die Physik wieder einzuführen. Vgl. Anmerkung 64.

groß; in ihr würde im allgemeinen die Riemannsche Geometrie herrschen. Unsere Welt hätte im allgemeinen eine »konstante« positive Krümmung. Der Lichtstrahl würde nach de Sitter einen Weg von über 100 Millionen von Lichtjahren durcheilen, um angeblich wieder von der anderen Seite zu seiner eigenen Lichtquelle zurückzukehren; de Sitter hat aber später gezeigt, dies sei kein unbedingt notwendiges Resultat der Relativitätstheorie [52]). Die Astronomie ist noch nicht imstande, die Resultate solcher Spekulationen experimentell zu kontrollieren, da noch nicht ganz sicher ist, ob die Spiralnebel Weltsysteme, ähnlich unserem galaktischen System (die Sterne des Milchstraßensystems), sind oder ob sie noch zu unserem galaktischen System gehören oder zu den anderen Sternwolken. In dem ersten Falle wären die Spiralnebel von uns zwischen 500 Tausend und über 1000 Millionen von Lichtjahren entfernt (Curtis), und wir hätten »die Welt aus Inseln« (island universe); in dem zweiten Falle wären die Spiralnebel von uns 20 bis 200 Tausend von Lichtjahren (Shapley) entfernt; unsere »sichtbare« Welt würde aus den Sternwolken bestehen, deren Entfernung 2—300 Tausend von Lichtjahren betragen würde [53]).

Die weiteren Untersuchungen werden uns noch manche Geheimnisse unseres Universums entdecken; jedenfalls können wir aber sagen, daß diese allzu kühnen Spekulationen von Einstein, welche man so viel in populären Darstellungen ausnutzt, unhaltbar sind, was wir auch in den Schlußbetrachtungen sorgfältig auseinandersetzen werden. Die Mehrzahl der Astronomen sehen sich nicht einmal solche Spekulationen über die Endlichkeit des Universums an, zu welchen die Forscher gelangen, welche zu viel mathematisch und zu wenig physikalisch gesinnt sind [53a]).

---

[52]) W. de Sitter: On the possibility of statistical equilibrium of the universe. Proc. Amsterdam Bd. 23, 866—868, 1921.

[53]) Harlov Shapley: On the existence of external galaxies. The Journal of the r. astron. Society of Canada Bd. 13, 438—446, 1919. — Vergleiche auch das Referat zweier Abhandlungen von Curtis und Shapley (welche mir unzugänglich sind), J. Hopmann: Der Maßstab des Universums. Die Naturwiss. Bd. 10, 520, 1922.

[53a]) Neuerdings ist J. Wodetzky (Über Lichtstrahlenkrümmung, Spektral-

Man müßte noch einige Folgerungen der Einsteinschen Relativitätstheorie (oder ihre Voraussetzung) experimentell kontrollieren[54]); wegen des beschränkten Raumes kann ich nicht näher darauf eingehen. Derjenige, welcher sich etwas besser über die allgemeine Relativitätstheorie informieren will, welche von mathematischer Seite schwer genug ist, soll nach der reichlichen Literatur greifen, welche wir heutzutage über diesen Gegenstand schon haben [55]).

---

linienverschiebung und Krümmungsradius des Universums im Anschlusse an Poisson. Astr. Nachr. Bd. 217, Nr. 5204, 397—404; 1922) zu allen diesen Folgerungen ohne irgendwelche Zusatzannahmen auch in der Newtonschen Physik gelangt. Seine Ausführungen sind sehr einfach, aber trotzdem streng mathematisch gehalten.

[54]) Vgl. z. B. A. Kopff: Über eine Möglichkeit der Prüfung des speziellen Relativitätsprinzips auf astronomischem Wege. Physik. Zs. Bd. 23, 120—121, 1922. W. Westphal: Die Möglichkeit einer Prüfung des Satzes von der Gleichheit der trägen und der schweren Masse auf astronomischer Grundlage. Die Naturwissenschaft Bd. 10, 261, 1922. Vgl. noch die Reuterdahlsche Abhandlung, Anmerkung 11.

[55]) Außer in den Anmerkungen 1, 7, 15, 30 und 38 noch folgende Werke: E. Freundlich: Die Grundlagen der Einsteinschen Gravitationstheorie. Mit einem Vorwort von A. Einstein. Berlin 1917. (Es hat noch mehrere neuere Auflagen erlebt.)

M. Schlick: Raum und Zeit in der gegenwärtigen Physik. Zur Einführung in das Verständnis der Relativitäts- und Gravitationstheorie. 3. Aufl. Berlin 1920.

K. Bollert: Einsteins Relativitätstheorie und ihre Stellung im System der Gesamterfahrung. Dresden-Leipzig 1921.

Ch. Nordmann: Einstein und das Weltall. Stuttgart 1922.

E. R. Neumann: Vorlesungen zur Einführung in die Relativitätstheorie. Jena 1922.

W. Pauli jun.: Relativitätstheorie. Sonderabdruck aus der Enzyklop. d. math. Wiss. Leipzig-Berlin 1921.

H. Weyl: Raum-Zeit-Materie. Vorlesungen über allgemein. Relativitätstheorie. 3. Aufl. Berlin 1920. (Jetzt auch schon in 5. Aufl. erschienen.) Ein außerordentliches, aber von der mathematischen Seite für den Anfänger unverständliches Werk. Besonders ist zu empfehlen:

G. Mie: Die Einsteinsche Gravitationstheorie. Versuch einer allgemeinverständlichen Darstellung der Theorie. Leipzig 1921. Wie wir später sehen werden, widersetzt sich Mie einigen Einsteinschen Übertreibungen.

## III. Die neuesten verallgemeinerten speziellen und allgemeinen Relativitätstheorien. Schlußbetrachtungen.

*Vergebens, daß Ihr ringsum wissenschaftlich schweift,*
*Ein jeder lernt nur, was er lernen kann;*
*Doch der den Augenblick ergreift,*
*Das ist der rechte Mann.*
Mephistopheles (Goethe: Faust, I. T.).

1. Täuschen würde sich derjenige, welcher denken würde: die Einsteinsche Relativitätstheorie hätte das Welträtsel gelöst; sie ist vielmehr nur ein Glied in der Reihe der rein spekulativen mathematisch-metaphysischen Theorien. Ähnlich war es seinerzeit mit der Bolyai-Lobatschefskijschen Geometrie, welche den Mathematikern den Impuls und die Richtschnur für ihre spekulativen Bemühungen gegeben hat, worüber wir schon früher gesprochen haben. Ebenso wie die Mathematiker eingesehen haben, daß unendlich viele in sich widerspruchsfreie Geometrien auszubauen möglich sind, so ist man auch in der Physik langsam zu der Erkenntnis gelangt, daß unendlich viele in sich widerspruchsfreie Mechaniken und Physiken auszubauen möglich ist. Fast zu gleicher Zeit, als Einstein seiner allgemeinen Relativitätstheorie die definitive Form gegeben hat, habe ich gezeigt [56]), daß unendlich viele in sich widerspruchsfreie, spezielle Relativitätstheorien auszubauen möglich sind, welche dazu führen, daß auch die Größe der Welt nur ein relativer Begriff sei, und ich habe eine solche Theorie bis in die Einzelheiten hinein entwickelt, welche Theorie die Rieckesche Kontraktion der Längen zur Folge hat. Die Einsteinsche spezielle Relativitätstheorie ist von allen diesen Theorien die einfachste. Einige Jahre später hat Fr. Adler [57])

---

[56]) S. Mohorovičić: Über die räumliche und zeitliche Translation. I—II. »Rad« Bd. 215, 1—25 und 217, 151—164, der südslaw. Akad. d. Wiss. u. K., Zagreb 1916 u. 1917. Deutsche Übersetzung in »Bulletin« H. 6/7 u. 9/10 derselben Akademie, Zagreb 1917 u. 1918.

[57]) Fr. Adler: Ortszeit — Systemzeit — Zonenzeit usw. Wien 1920. — Seine Theorie ist ganz ähnlich derjenigen Theorie, welche ich 1916 aufgestellt

denselben Weg eingeschlagen, welcher noch gezeigt hat, daß auch in der Einsteinschen speziellen Relativitätstheorie ausgezeichnete Koordinatensysteme vorhanden sind, und daß diese Theorie mit der Theorie des ruhigen Weltäthers vereinbar sei. Dies bedeutet einen schweren Schlag gegen die erwähnte spezielle Theorie von Einstein. In der neuesten Zeit hat auch E. Wiechert gezeigt [58]), daß unendlich viele allgemeine Relativitätstheorien auszubauen möglich ist; die Einsteinsche Theorie ist zwischen ihnen die einfachste. Noch mehr! vor kurzer Zeit ist es auch P. Painlevé [59]) gelungen zu zeigen, daß unendlich viele allgemeine Relativitätstheorien bestehen, welche den einsteinianischen Bedingungen Genüge leisten; einige von diesen Theorien führen zur Kontraktion, die anderen wieder zur Dilatation, und es gibt auch solche Theorien, welche zu keinen Veränderungen der Längen im Gravitationsfelde führen. Deswegen beendet Painlevé seine Abhandlung mit den Worten: »Ich schließe, daß es eine reine Einbildung ist zu verlangen, aus $ds^2$ Folgerungen solcher Natur zu ziehen.«

Die weitere Entwicklung der Relativitätstheorien ist hiermit noch nicht abgeschlossen. Seit dem Jahre 1917 bemüht sich der Mathematiker H. Weyl [60]), die allgemeine Relativitätstheorie auch auf die Wirkungen des elektromagnetischen Feldes zu erweitern. Er setzte voraus, daß alle Naturgesetze nicht nur in bezug auf alle Koordinatensysteme invariant sind, sondern auch gegen alle metrischen Verhältnisse (Eichinvariant). Die Einsteinsche allgemeine Relativitätstheorie

---

habe; unlängst habe ich die beiden Theorien in eine einzige durchsichtige Theorie zusammengeschmolzen (siehe Anmerkung 25).

[58]) Siehe Anmerkung 21. Daß es möglich ist, unendlich viele Mechaniken und Physiken auszubauen, darauf hat auch H. Dingler aufmerksam gemacht (»Kritische Bemerkungen zu den Grundlagen der Relativitätstheorie.« Physik. Zs. Nr. 21, 668—674, 1920; auch separat erschienen).

[59]) Siehe Anmerkung 5.

[60]) H. Weyl.: Gravitation und Elektrizität. Sitzb. d. preuß. Akad. d. Wiss. XXVI, 465—480, 1918 (auch in dem Sammelwerk: Das Relativitätsprinzip. 4. Aufl. 147—159, Leipzig 1922); Elektrizität und Gravitation. Physik. Zs. Bd. 21, 649—651, 1920; siehe noch sein klassisches Werk in der Anmerkung 55.

ist nur ein spezieller Fall der Weylschen Theorie, und die letztere hat auch besondere Vorteile. Sie ist aber viel komplizierter, da das Feld nicht nur mit 10 Gravitationspotentialen bestimmt ist, sondern noch mit 4 elektromagnetischen Potentialen. A. S. Eddington[61]) ist noch weiter gegangen und braucht zu demselbem Zweck 40 Tensoren; er glaubt, daß er auf die Spur der unbekannten Elektronenkräfte gekommen ist; seine Theorie ist deshalb von mathematischer Seite noch komplizierter. Hiermit haben wir selbstverständlich alle neueren Bemühungen noch nicht erschöpft, worüber später die Rede sein wird, aber kehren wir zum Raum und zur Zeit zurück, welche in diesen neuen Theorien eine Art von einheitlicher Gemeinschaft bilden. Nach de Sitter besteht die Möglichkeit, daß die Welt nicht nur in drei, sondern in allen vier Dimensionen endlich und geschlossen sei; solche Welt »schwimmt« dann in einem fünfdimensionalen, euklidischen Raume[61a]). Es ist nichts natürlicher, als anzunehmen, daß solche endlichen und geschlossenen vierdimensionalen Welten unendlich viele sein könnten; ein Beobachter in seiner Welt kann weder mit den übrigen Welten in Berührung kommen noch von ihnen etwas wissen. Wenn unsere Welt auch in der zeitlichen Dimension endlich und geschlossen ist, so wiederholen sich periodisch alle Vorgänge in der Welt; ich bezweifle aber, daß dies der einzige Zweck der Welt sei. Wie schön und anziehend solche Spekulationen sein mögen, und wie wichtig vielleicht aus erkenntnis-theoretischen Gründen, es ist sicher, daß wir sie nie würden annehmen können!

Während Einstein in der speziellen Relativitätstheorie den Weltäther aus der Physik ausgewiesen hat, war er gezwungen, in der allgemeinen Relativitätstheorie ihn wieder einzu-

---

[61]) Vgl. z. B. H. Weyl: Über die physikalischen Grundlagen der erweiterten Relativitätstheorie. Physik. Zs. Bd. 22, 473—480, 1921.

[61a]) Hier erinnern wir uns unwillkürlich an die Zenonsche Argumentation gegen die Realität des Raumes (vgl. Fr. Ueberweg, Anmerk. 35, S. 79): »Wenn alles Seiende in einem Raume wäre, so müßte der Raum auch wieder in einem Raume sein, und so fort ins Unendliche.«

führen [62]). In der Einsteinschen Relativitätstheorie besteht nämlich derjenige Naturvorgang, welchen wir als Gravitation bezeichnen, in der Verschiedenheit der metrischen Verhältnisse an einzelnen Orten; so wird sich eine Bewegung, welche von einem Orte betrachtet gleichmäßig ist, von einem anderen Orte betrachtet allgemein als ungleichmäßig zeigen, wie wir dies ausführlich dargelegt haben; die Unterschiede im Weltäther sind eben die Ursache der Gravitation [63]). Unter dem Weltäther verstehen die Relativisten nur den leeren Raum mit physikalischen Qualitäten, welche Qualitäten die Materie dem leeren Raume so überträgt, daß sie ihm auf verschiedenen Stellen verschiedene Krümmung erteilt. Wie die Materie auf den leeren Raum wirken kann, dies ist in der Relativitätstheorie die unklarste Stelle! [64]) G. Mie [65]) hat angenommen, daß dem Raume eine Funktion des Zustandes (Weltfunktion) zukommt, welche stationäre Energieknoten erlaubt, und gerade aus solchen Knoten würden die Elektronen und Atome bestehen. Diese Theorie hat im Jahre 1915 D. Hilbert [66]) mit der Einsteinschen Theorie in Zusammenhang gebracht; die Physik geht angeblich in die Geometrie

---

[62]) A. Einstein: Äther und Relativitätstheorie. Rede, gehalten am 5. Mai 1920 an der Reichs-Universität zu Leiden. Berlin 1920. Viele Forscher haben den Weltäther deshalb verworfen, weil verschiedene Physiker ihm verschiedene Eigenschaften zugeteilt haben. Doch muß ich auf manchmal ganz paradoxe Eigenschaften aufmerksam machen, welche verschiedene Physiker und Philosophen der Materie zugeteilt haben; es ist aber bis jetzt noch niemandem eingefallen, die Existenz der Materie zu leugnen; jeder vernünftige Mensch behauptet, daß die Materie existiert, wenigstens in der Form des Feldes, der Wahrnehmung usw.

[63]) E. Wiechert, siehe Anmerkung 21.

[64]) In einer besonderen Arbeit werde ich dieses Problem behandeln, wo ich darnach trachten werde, zu zeigen, daß die Formeln der allgemeinen Relativitätstheorie die Existenz des Weltäthers beweisen (besser: involvieren). Siehe Anmerkung 51.

[65]) Siehe z. B. G. Mie: Die Einsteinsche Gravitationstheorie und das Problem der Materie (Wolfskehlvortrag gehalten in Göttingen). Physik. Zs. Bd. 18, 551—556, 574—580 und 596—602; 1917.

[66]) D. Hilbert: Die Grundlagen der Physik. I—II. Gött. Nachr. 1915 u. 1917.

der vierdimensionalen Raumzeitmannigfaltigkeit (d. h. der Welt) über. Aber gleichzeitig mit Hilbert ist dies — was weniger bekannt ist — auch Th. de Donder gelungen; in neuester Zeit ist dem letzteren ferner gelungen, das elektromagnetische Feld und das Gravitationsfeld von einem einheitlichen Standpunkte zu erfassen, was ohne Zweifel einen großen Fortschritt bedeutet [67]).

*Verfluchtes Volk! was untersteht ihr euch?*
*Hat man euch lange nicht bewiesen,*
*Ein Geist steht nie auf ordentlichen Füßen?*
*Nun tanzt ihr gar, uns andern Menschen gleich!*
Proktophantasmist (Goethe, Faust, I. T.).

2. Somit haben wir in wenigen Zügen eine neue Richtung der physikalischen Untersuchung dargestellt. Ihr Charakter ist — wie wir gesehen haben — rein spekulativer und metaphysischer Natur. Vom philosophischen Standpunkte sind die physikalischen Relativitätstheorien nur die Fortsetzung einiger älterer, relativistischer Bestrebungen und Bemühungen [67a]); wir können sie als einen besonderen Beitrag zur Naturphilosophie betrachten Unsere Vernunft hat schon eine solche Höhe erklommen, daß der Relativist Weyl, entzückt durch die zauberhafte Aussicht in die neue, unbekannte Gegend, in seinem Übermut behauptet [68]): »... daß unsere Vernunft nicht bloß ein menschlicher, allzu menschlicher Notbehelf im Kampfe des Daseins, sondern ungeachtet aller Trübung und alles Irrtums doch der Weltvernunft gewachsen ist....« Es täuscht sich aber derjenige, welcher denkt, daß alle Physiker die Einsteinsche Relativitätstheorie gleich mit Begeisterung angenommen haben. Der Kampf um die Relativitätstheorie hat in der Schweiz und in Deutschland angefangen, wo er jetzt in vollem Umfange herrscht; dieser Kampf hat sich, je nachdem, rascher oder langsamer über alle

[67]) Siehe Anmerkung 31.

[67a]) Vgl. J. Petzoldt: Das Weltproblem vom Standpunkte des relativistischen Positivismus aus, usw. 3. Aufl. Leipzig-Berlin 1922, und besonders die in den Anmerkungen 16 und 81 zitierten Bücher.

[68]) Vgl. sein Werk Anmerkung 55, S. 262.

Kulturstaaten ausgebreitet, und es kommen Fälle vor, besonders in Amerika, daß Einstein teilweise sogar Plagiat vorgeworfen wird [69]). Unter den ersten war in Deutschland E. Gehrcke, welcher mit seiner Kritik einen großen Einfluß auf Einstein ausgeübt hat. Unlängst zeigte Gehrcke, zu welchen unannehmbaren Folgen uns die Relativisierung der Zeit führt [70]). In einem Vortrage hat Einstein folgendes Beispiel der Organismen angeführt: Von zwei kaum geborenen Zwillingen geht einer auf die Reise durch das Weltall mit einer Geschwindigkeit, welche fast gleichgroß wie die Lichtgeschwindigkeit ist, und kehrt erst dann von der Reise zurück, wenn der erste Bruder ganz alt geworden ist. Es kann geschehen, daß für diesen Greis sein Bruder als Jüngling zurückkehrte; da der letztere sich inzwischen bewegte, ist für ihn die Zeit langsamer verflossen. Es scheint, daß Einstein den Gedanken so weit abgeleitet hat, Leben und Tod seien nur relative Begriffe, und ein Teil des Welträtsels wäre mit dieser »Theorie« ganz

---

[69]) Vgl. Anmerkung 11, dann besonders E. Lee Heidenreich: Reuterdahl versus Einstein: Nailing a Fallacy. Former Insists Latter's Theory Wrong and Questions its Originality. (The Dearborn Independent, III. 25., 1922. — Nachträglich habe ich von Prof. P. Lenard die zweite Auflage seines Werkes: Über Äther und Uräther, Leipzig 1922 (mit einem Mahnwort an deutsche Naturforscher) erhalten, wo er unter anderem sagt (S. 8): »Es ist schwer begreiflich, warum man — wie viele wollen — nicht solle hören dürfen, was vor Herrn Einstein war, und warum die Wahrheit soll verborgen bleiben, daß manches, was man ihm zuschreibt, schon lange früher da war, .... Der Eifer, womit man Herrn Einstein jedes etwaige Eingehen auf Kenntnis seiner Vorgänger geradezu zu verwehren sucht, mutet den unbefangen vom Standpunkte der Geschichte der Wissenschaft aus Denkenden ganz wunderlich an. In Wirklichkeit ist es dabei sogar gleichgültig, ob Herr Einstein einer Einwirkung seiner Vorgänger auf ihn sich erinnert oder ob nicht; denn sie waren tatsächlich vor ihm da und sie mußten also — gewollt oder ungewollt, bewußt oder unbewußt, das ist gleich — mehr oder weniger auf ihn gewirkt haben.« Vgl. ferner Anmerkung 111a. — Bei dieser Gelegenheit möchte ich darauf aufmerksam machen, daß schon 1908 (und sicher auch früher) V. Dvořak, weiland Professor der Physik an der Universität Agram, das »Einsteinsche« Coupé in seinen Vorlesungen und Übungen vorgetragen hat. Es ist bekannt, daß Dvořak nicht nur ein Schüler, sondern auch ein Assistent von E. Mach gewesen war.

[70]) E. Gehrcke: Die Relativitätstheorie eine wissenschaftliche Massensuggestion. Berlin 1920. (Kommissionsverlag K. F. Köhler-Leipzig.)

einfach gelöst. Mit Recht verspottete Gehrcke dies, indem er darauf aufmerksam machte, daß es vom Standpunkte der Relativitätstheorie ganz gleichberechtigt ist, anzunehmen, der zweite Bruder sei in der Ruhe geblieben und der erste bewegte sich mit gleicher Geschwindigkeit, aber entgegengesetzter Richtung. In diesem Falle wäre der zweite Bruder, welcher für den ersten noch ein Jüngling ist, in eigenen Augen schon ein Greis, und dagegen sein erster Bruder ein Jüngling [70a]).

In der letzten Zeit ist der berühmte Physiker P. Lenard [71]) sehr energisch gegen die allgemeine und auch gegen die spezielle Relativitätstheorie (besser — wie er sagt — Hypothese) aufgetreten. Er zeigte, wie sie sich mit dem gesunden Menschenverstand im Widerspruch befinde [72]), und daß sie zu Geschwindigkeiten führe, welche beliebig mal größer als die Lichtgeschwindigkeit werden können. Später werde ich noch einige Gegner dieser Theorien erwähnen, unter denen wir ausgezeichnete Physiker und Philosophen finden; jetzt werde ich nur die Ursache erwähnen, warum sich erst so spät immer mehr und mehr Stimmen gegen die Einsteinsche Theorie erheben. Diese Theorie hat sich nämlich so rasch entwickelt, daß es den

[70a]) In der neuesten Zeit hat K. Vogtherr (Ein neues Uhrenparadoxon. Naturwiss. Wochenschr. N. F. Bd. 21, 497—499; 1922) in der Einsteinschen speziellen Relativitätstheorie ein neues Uhrenparadoxon entdeckt. Es ist möglich, einen Versuch so zu gestalten, daß für einen Beobachter z. B. eine Pulverexplosion geschieht, und für den anderen nicht. In einer im Verlag O. Hillmann-Leipzig 1923 erschienenen Schrift: Wohin führt die Relativitätstheorie? hat Vogtherr dies im Zusammenhang näher ausgeführt. Vgl. auch die vorzügliche Schrift: H. Henning: Einsteins Relativitätslehre im Lichte der experimentellen Psychologie und des philosophischen Realismus. S. 12—13; Leipzig 1922, wo sehr klar gezeigt wird, daß sich die sogenannte Relativitätstheorie nicht auf die objektive Welt bezieht.

[71]) P. Lenard: Über Relativitätsprinzip, Äther, Gravitation. Leipzig 1921. Siehe dann Anmerkung 25 und die Einleitung in die neue Ausgabe der Soldnerschen Abhandlung 42.

[72]) Daß der gesunde Menschenverstand das erste Kriterium bei der Beurteilung und Aufstellung der verschiedenen Theorien und Naturanschauungen ist, darauf hat schon J. H. Ziegler aufmerksam gemacht (Die wahre Einheit von Religion und Wissenschaft, Zürich 1904; dann: Die Umwälzung in den Grundanschauungen der Naturwissenschaft. Bern 1914, S. 4, 10 und 142).

Fachleuten ziemlich schwer gewesen war, ihrer Entwicklung zu folgen, so daß sie vielleicht nicht genug Zeit gehabt hatten, die Prinzipien, auf welchen diese Theorie aufgebaut ist, kritisch zu beleuchten [72a]). Mit der Relativitätstheorie haben sich in erster Linie die Mathematiker zu befassen angefangen, von welchen einige schöne mathematische Theorien aufgestellt haben, und gegen die exakten mathematischen Ableitungen ist es immer sehr schwer zu kämpfen, wenn auch diese Ableitungen rein formaler Natur sind. In der Physik haben wir aber genug Beispiele, welche uns sagen, daß eine Theorie — wenn sie auch in das schönste mathematische Gewand gehüllt ist — noch lange nicht wahr zu sein braucht. Viele wurden von der Behauptung geblendet, daß diese Theorie sich mit der Erfahrung in Übereinstimmung befinde (vgl. II, 4), was von den Anhängern der Einsteinschen Theorie sehr geschickt zu Propagandazwecken ausgenutzt wurde. Das letzte (nämlich diese gewissenlose Reklame) ist gerade auch die dunkelste Seite des erwähnten Kampfes, welcher nie in einer so scharfen Form ausgebrochen wäre, wenn nicht diese unglückliche und unerhörte Propaganda gewesen wäre, welche in der Geschichte fast aller Wissenschaften beispiellos ist [73]). Alles dies wird

---

[72a]) E. Gehrcke war der erste, welcher dies systematisch durchgeführt hat. Er trat mit seiner Kritik zuerst 1911 in die Öffentlichkeit und 1912 hat er bei der Herausgabe der Neuauflage von Drudes Lehrbuch der Optik (3. Aufl. Leipzig 1912) bereits die Relativitätstheorie als Massensuggestion bezeichnet und abgelehnt. Vgl. auch E. Gehrcke: Die gegen die Relativitätstheorie erhobenen Einwände. Die Naturwissensch. Bd. 1, 62 u. ff..; 1913.

[73]) Wie man für Einstein Reklame gemacht und wie man die Tatsachen verdreht hat, soll an folgendem Beispiel erläutert werden. M. Schlick in seinem Buch 55, S. 66—67, wo er die Resultate der englischen Expedition bei der Sonnenfinsternis 1919 bespricht, sagt wörtlich: »... daß die von Einstein-prophezeite scheinbare Änderung der Sternörter tatsächlich vorhanden war, und zwar genau (!! der Verfasser) in dem von ihm vorausberechneten Betrage. Diese Bestätigung ist gewiß einer der glänzendsten Triumphe des menschlichen Geistes (dies ist aber ein Verdienst von Soldner, d. Verf.) und übertrifft an theoretischer Bedeutung noch die berühmte Errechnung des Planeten Neptun durch Leverrier und Adams. Die allgemeine Relativitätstheorie hat damit die härtesten Proben bestanden (wir haben gerade umgekehrt gesehen in II, 4; d. Verf.); die wissenschaftliche Welt beugt sich

noch durch die Tatsache verschärft, daß Einstein und die Mehrzahl seiner ersten Anhänger Juden sind — (ich hätte keinen Grund, die Rasse Einsteins zu erwähnen, wenn nicht Einstein selbst so häufig betont hätte, daß er ein Jude sei) [73a]) —, und da die letzteren fast die ganze Weltpresse in den Händen haben, so bereiteten sie für Einstein eine kolossale Reklame und haben fast jede Arbeit, welche gegen diese Theorie gerichtet wurde, zu unterdrücken gesucht. Zu diesem religiös-sozialen Moment kommt noch ein politisches Moment hinzu, worüber ich hier nicht zu reden wünsche. Ich bin nur überzeugt, daß wir, die wir uns ziemlich weit von diesem Kampfe befinden, viel ruhiger und objektiver über diese neue Richtung urteilen können, und daß wir nicht sofort blind und kritiklos jede neue Richtung, welche zu uns aus dem Ausland gelangt, anzunehmen brauchen [74]). Diese neue Richtung muß man schon deshalb bekämpfen, da sie, konsequent durchgeführt, die reine, absolute und ewige Wahrheit negiert und uns nicht nur zu dem gefährlichen und unwissen-

---

vor der siegenden Kraft, mit der die Richtigkeit ihres physikalischen Gehalts und die Wahrheit ihrer erkenntnistheoretischen Grundlagen sich in der Erfahrung bewährt.« Jetzt verstehe ich, warum mir ein — in diesem Kampfe wenig exponierter — Träger des Nobelpreises von der Einsteinschen Rabulistik schreibt!

[73a]) Einstein selbst sagt in dem Vorwort des Werkes von L. Fabre (Anmerk. 30) den Franzosen ausdrücklich, daß er nur in Deutschland geboren sei, sonst sei er ein Jude, Pazifist und Mitglied einer internationalen Verbindung .... Es ist nicht schwer zu raten, warum Einstein dies gerade den Franzosen gegenüber gesagt hat (mit eigener Unterschrift), aber lassen wir das, es ist dies nur Geschmacksache ...; unsere Arbeit hier ist eine wissenschaftliche. Es ist traurig genug, daß ich gezwungen bin, dies hier zu erwähnen!

[74]) Leider sind diese »Methoden« des Streits auch zu uns gekommen. Mitglieder einer philosophischen Fakultät, die in ihrem fanatischem Abscheu gegen jede sachliche, kritische Stellungnahme zur Relativitätstheorie offenbar ganz vergessen hatten, daß die Wissenschaft eine über den Parteien stehende Sache ist, haben sich nicht gescheut, persönliche Gehässigkeit gegen mich als Kritiker der Relativitätstheorie an den Tag zu legen, wie ich mehrfach erfahren mußte. Einige Herren Relativisten haben mir anonyme Drohbriefe zugestellt und sich anderer, sonst in wissenschaftlichen Kreisen sehr ungewöhnlicher Mittel bedient. Es ist die höchste Zeit, mit solchen Methoden endlich aufzuhören!

schaftlichen Sophismus [74a]), sondern auch zu — durch nichts bewiesenem — Atheismus und Materialismus führt [74b]).

> *Abscheuliche Kerle, diese Fanatiker*
> *Der Wissenschaft, diese Atheisten!*
> *Spielen sich auf als Systematiker; —*
> *Doch — . . .*
>
> Peer Gynt. (Ibsen: Peer Gynt. V. — Nach deutscher Übersetzung von Passarge).

3. Hier muß ich noch einige Worte hinzufügen, da ich im voraus weiß, daß ich von vielen angegriffen werde, besonders von Unberufenen, wie auch von solchen, welche wissenschaftlich nicht gebildet genug sind. Die materialistische Weltanschauung ist auf rein mechanischer Naturauffassung entstanden, sie wurde aber auf Grund der Bemühungen einiger älterer Naturforscher, wie besonders Maxwell, Planck und Ostwald, und auf Grund einiger neuer Untersuchungen von Mie, Weyl und Reichenbächer zurückgedrängt. Der Materie zur Seite wird »das Feld« gestellt, sowie die verschiedenen Formen der »Energie«, welche selbst die atomistische Struktur besitzt. Die neueste kosmogonische Theorie von Nernst [75]) will mit Hilfe des Weltäthers die beiden Arten der »substantiellen« Welt vereinigen, sie läßt uns aber gleich am Anfang vollkommen im Stich [76]). Und wo

---

[74a]) Vgl. Anmerk. 32a.

[74b]) Dies zeigt in neuester Zeit Fr. Nölke in seiner Arbeit: Gibt es einen Kreislauf des kosmischen Geschehens? (Zs. f. Physik Bd. 10, 200—206; 1922). Er beantwortet diese Frage negativ, nachdem er alle bisherigen Versuche kritisch beleuchtet hat. Er sagt wörtlich (S. 206): »Man könnte den gordischen Knoten, anstatt ihn zu lösen, einfach durchhauen, indem man die Annahme machte, daß die vergangene Entwicklung des Weltalls keine zeitlich unbegrenzte sei, sondern in einem bestimmten Zeitpunkte, durch einen Schöpfungsakt eingeleitet, begonnen habe.« Diese »Lösung« des Problems, wenn sie auch vielen unwissenschaftlich erscheinen wird, braucht noch immer nicht der Hesiodschen Voraussetzung zu widersprechen, daß zuerst Chaos, und zwar aus der Notwendigkeit, entstanden ist. Um das Problem vom inneren Widerspruch zu befreien, nimmt Nölke seine Zuflucht zu dem Kantschen transzendentalen Idealismus.

[75]) W. Nernst: Das Weltgebäude im Lichte der neueren Forschung. Berlin 1921.

[76]) Z. B. bei der Erklärung der großen relativen Geschwindigkeiten einzelner Sternwolken und Sternhaufen.

sind erst die Manifestationen des Lebens! Wir brauchen uns nicht zu wundern, wenn der Relativist Weyl sein früher erwähntes Werk mit folgenden Worten schließt: »Wenn es der Wahn der scholastischen Methode ist, aus bloß Formalem Wesenhaftes deduzieren zu wollen, so ist die Weltanschauung, welche man als Materialismus bezeichnet, nur eine Spielart der Scholastik.« Besonders bemüht sich Weyl, um auf mathematischem Wege aus dem »Felde« die Materie zu konstruieren, aber seine Untersuchungen sind noch sehr dunkel gehalten, das beste Zeichen, daß er selbst damit noch nicht im klaren ist [76a]. Es eröffnet sich uns ohne Zweifel hier eine ganz neue

[76a]) Vgl. z. B. H. Weyl: Feld und Materie. Ann. d. Physik (4) Bd. 65, 541—563, 1921. — Hier muß ich erwähnen, daß unlängst H. Tetrode (Über den Wirkungszusammenhang der Welt. Eine Erweiterung der klassischen Dynamik. Zs. f. Physik Bd. 10, 317—328; 1922) einen umgekehrten Weg eingeschlagen hat. Ihm ist dasjenige primär, was uns unmittelbar gegeben und experimentell untersuchbar ist; dies sind die negativen Elektronen und die positiven Elektronen (Protonen). Jede Bewegung eines Elektrons ist bedingt durch die Bewegungen aller übrigen, und das Feld ist bloß eine mathematische Konstruktion, welche wir nur solange verwenden dürfen, als die Quantenerscheinungen zu vernachlässigen erlaubt ist; sonst läßt uns dieses Gebilde im Stich. Tetrode hat auch den ersten Versuch gemacht, die Quantentheorie in Rechnung zu ziehen und mit seiner Dynamik zu vereinbaren. Seine interessante Unternehmung besteht darin, daß er angenommen hat, jeder gegenwärtige Zustand sei nicht nur durch den Zustand bedingt, welcher einen Augenblick vordem gewesen war, wie man bis jetzt allgemein voraussetzte, sondern jeder gegenwärtige Zustand sei durch »die arithmetische Mitte« der nächsten Vergangenheit und Zukunft bedingt. Tetrode hat uns damit einen besonderen, wenn auch nicht ganz neuen Beitrag zur Naturphilosophie gegeben, welcher sicher von allen bisherigen modernen Spekulationen der Mathematiker vielleicht der Wichtigste ist, da er uns auch den Strahlungsmechanismus erklärt. So können bei einigen ausgezeichneten Entfernungen und bei einigen ausgezeichneten Geschwindigkeiten die Kräfte auf einmal äußerst groß werden, ähnlich wie $\cos mt \cdot \cos nt$ immer gleich Null ist, außer wenn $m = n$. Tetrode sagt wörtlich (S. 325): »Es könnte dies dann zu einem kurzdauernden Energieübergang führen, wobei die Atome ihre Quantenzahlen vertauschen. Der Energieverlust des einen und der Energiegewinn des anderen werden zu Zeitpunkten eintreten, die der Entfernung entsprechend verschieden sind, d. h. wir haben dasjenige vor uns, was gewöhnlich als Strahlungs-emission und nachherige -absorption betrachtet wird. Während nach der klassischen Auffassung aber Strahlung einfach aufs Geratewohl emittiert wird, um eventuell irgendwo wieder ab-

und spekulative Periode der mathematisch-physikalischen »Naturforschung«; — ich zweifle aber, daß die Physik davon einen so großen Nutzen haben wird, wie dies vielfach angenommen wird.

Daß der reine Materialismus unhaltbar ist, zeigt uns am besten die Minkowskische Welt (vierdimensionale Raumzeitmannigfaltigkeit), da wir schon früher gesehen haben (II, 2), daß in ihr eine vollkommene Lethargie (Ruhe) herrscht. In seiner Welt bewegen sich nur die Beobachter, welche jeden Augenblick eine andere ihrer dreidimensionalen Projektionen beobachten. Ich nehme mir die Freiheit, die Herren Relativisten hier zu fragen: Was sind denn das, diese Beobachter? Sie schauen (offenbar nur mit ihren geistigen Augen) und denken; vielleicht sind sie auch ewig, was uns leider Minkowski verschwiegen hat. Wie schade, daß man diese Frage nicht näher beleuchtet hat! Die Minkowskischen Anschauungen sind jedenfalls für uns sehr lehrreich, da sie uns — vielleicht

---

sorbiert zu werden, sind nach unserer Theorie Emission und Absorption einander bedingende Vorgänge, und bei jeder Emission ist schon prädestiniert, wann, wo und wie die Absorption erfolgen wird.« Eine Folge davon ist, daß unsere Sonne nicht strahlen würde, wenn sie ganz allein im Weltall vorhanden wäre; der Lichtstrahl, welcher etwa $8^1/_3$ Minuten braucht, um von der Sonne bis zur Erde zu gelangen, existiert während dieser Zeit überhaupt nicht (nicht einmal als Feld) usw. Wir müssen abwarten, wie Tetrode seine Theorie mathematisch weiter vervollkommnen wird, nachdem der erste Anfang bereits gemacht ist.

Bei dieser Gelegenheit muß ich aber darauf aufmerksam machen, daß E. Gehrcke (vgl. Anmerk. 14, S. 86) gesagt hat: »Wenn man behauptet hat, die Quantentheorie der neueren Physik durchbreche den stetigen Ablauf der Naturvorgänge, so ist dies eine etwas voreilige Annahme; es ist etwa so, als wenn jemand behaupten wollte: weil beim Überlaufen eines Glases Wasser nicht eine beliebig kleine Menge Wasser, sondern mindestens ein Tropfen überläuft, so ist das Wasser unstetig aus einzelnen Tropfen zusammengesetzt«; jedoch gibt Gehrcke selbst zu (a. a. O. S. 18 u. 19): »So ist es z. B. hypothetisch und fraglich, ob der zeitartige Ablauf der physikalischen Wirklichkeit wie das Ideal des Zeitkontinuums erfolgt, oder ob er in kleinen Rucken vor sich geht.« Um die eventuelle atomistische Struktur der Zeit zu berechnen, bin ich von der Quantentheorie und modernen Atombautheorie ausgegangen und habe gefunden, daß die eventuellen Zeitquanta weit kürzere Dauer als ein Billionstel einer Sekunde haben müßten; meine Rechnungen habe ich bis jetzt noch nicht veröffentlicht, da sie noch nicht abgeschlossen sind.

zum ersten Male in der Wissenschaft — ganz exakt zeigen, daß unsere Welt ohne ein absolutes Prinzip tot und unbeweglich [77]) wäre. Wenn sie auch in Wirklichkeit solche wäre, so sehen wir doch, daß sie nach einem Prinzip geschaffen ist. ...

In diese Tatsache müßten sich nicht nur Relativisten und reine Materialisten, sondern auch alle Naturfreunde und Naturforscher in Gedanken vertiefen. Gerade hier ist das größte Weltgeheimnis verborgen; nur mit seiner Hilfe wäre es möglich, das Welträtsel zu lösen. Besonders schön drückt sich Wiechert aus, indem er sagt [79]): »Wir müssen uns frei machen von jenem Materialismus, welcher in der Welt nur anerkennen will, was die Sinne uns zeigen. Hinter der Welt, die wir schauen, liegt eine andere Welt, deren Wirkung wir wohl empfinden, für deren Erkenntnis wir aber nur sehr unvollkommen ausgerüstet sind. Der Mensch ist nicht »allschauend« und wird nicht »allwissend« werden.« Wir fragen uns jetzt, ist wirklich »Ignorabimus« das höchste Dogma der Naturphilosophie? [80])

Zu ähnlicher Anschauung über ein absolutes Prinzip führen uns auch die Untersuchungen von Petzoldt [81]), der ebenfalls Beobachter einführt und annimmt: wie viele Beobachter, so

---

[77]) Ich erfahre nachträglich (siehe Anmerkung 69), daß zu ähnlichem Resultate in seinen Untersuchungen auch A. Reuterdahl (Scientific Theism versus Materialism. Space-time potential. New-York 1920) gekommen sei. Deshalb behauptet Heidenreich, daß das Reuterdahlsche Relativitätssystem der größte bis jetzt erbrachte Beweis über die Gottesexistenz sei. Dieses große Reuterdahlsche Werk ist mir endlich unlängst gelungen zu erhalten. Eine ähnliche Auffassung vertritt auch F. X. Fischer (Das Einsteinsche Relativitätsprinzip und die philosophischen Anschauungen der Gegenwart. Wissen u. Glauben Bd. 19, 129—159; 1921), indem er behauptet (S. 158): »Zum Innen und Außen tritt also noch ein Überweltliches, das durchaus nichts ausgeschaltet werden darf, weil ohne seine Mithilfe keine Bewegung in der Welt möglich ist.«

[78]) Siehe Anmerkung 11.

[79]) Siehe Anmerkung 21, S. 43 der separaten Auflage.

[80]) Wie J. H. Ziegler (siehe Anmerkung 72, erstes Buch, S. 6) die Gelehrten-Professoren verspottet; dieser Autor ist nach seiner Naturauffassung ein Pantheist.

[81]) Siehe Anmerkung 32 und besonders sein Buch: Die Stellung der Relativitätstheorie in der geistigen Entwicklung der Menschheit. Dresden 1921

viele Welten (Monaden) sind vorhanden. Petzoldt ist sicher einer von den seltenen Philosophen, welche die Grundgedanken und den Inhalt der Relativitätstheorie ganz richtig erfaßt haben, und er bestimmte ihr den richtigen Platz im System der Philosophie. Petzoldt ist aber auch inkonsequent, da er in dem Anhange zur Machschen Mechanik [82]) behauptet: »Zu irgendwelcher Mystik gibt die Relativitätstheorie keinen Grund. Sie hat ja mit Metaphysik überhaupt nichts zu tun und ist nur eine beschreibende Theorie, ein Begriffssystem.« Aus den Petzoldtschen Untersuchungen geht aber klar hervor, daß diese Angelegenheit nicht so unschuldig ist, sondern daß die Relativitätstheorie sehr viele Beziehungen mit der Metaphysik hat, und hier ist gerade ihre Achillesferse. Petzoldt als reiner Positivist ist ein unversöhnlicher Gegner des Rationalismus und Idealismus; er ist überzeugt, daß endlich die Monadenlehre gesiegt hat, welche Monaden, zum Unterschied der Spinoza-Leibnizschen, auch Fenster haben können. Jeder Beobachter befindet sich in einer Welt für sich, d. h. er hat seine eigene Welt (Raumzeitmannigfaltigkeit), und Petzold sagt für zwei Beobachter, welche sich gegeneinander bewegen: »Keiner macht die Erfahrung des anderen; ... Vielmehr ist das, was jeder vom anderen wahrnimmt, ein »Bild«, eine eindeutige »Abbildung« des fremden Systems auf das eigene, und die Bewegung findet nur zwischen eigenem System und Abbildung des anderen statt. Das darf aber nicht etwa dahin aufgefaßt werden, daß dem Bilde weniger Wirklichkeit zukäme als dem Abgebildeten. Es ist volle raumzeitliche Erfahrung und das einzige, was der eine vom anderen wahrnimmt.« Wenn auch diese Darlegung auf den ersten Blick verlockend erscheint, und wenn sie auch einen nicht Versierten blenden könnte, so müssen wir sie doch energisch zurückweisen. Das Petzoldtsche System, bis zu Ende konsequent durchgeführt, stürzt von selbst in sich zusammen. Während der Positivist Petzoldt sich zu beweisen bemüht, daß hinter unseren Empfindungen kein »Ding an sich« erster oder zweiter Art, nämlich Materie, Seele usw. besteht, nimmt er doch an, daß

---

[82]) Siehe Anmerkung 16.

hinter unseren »Bildern« unendlich viele Welten und mögliche Beobachter bestehen, d. h. Petzoldt führt wieder ein »Ding an sich« dritter Art ein. Dagegen führt uns sein Standpunkt, konsequent durchgeführt, notwendig zum Solipsismus, da die Erfahrung mir kein Mittel gibt, diese neuen Welten und Beobachter zu beweisen. Es existieren nicht unendlich viele abgesonderte und abgetrennte Welten, nämlich so viele, wie es Beobachter (eigentlich mögliche Standpunkte zur Beobachtung der Wirklichkeit) gibt, sondern Wirklichkeit gibt es nur eine, und jeder Beobachter, je nachdem er von dem einen oder anderen Standpunkte die Wirklichkeit beobachtet, hat von ihr nur ein anderes Bild! Ich bin überzeugt, daß dies gerade diejenige richtige Weltanschauung ist, welche die Einsteinsche Relativitätstheorie als eine neue Weltanschauung ganz unmöglich macht [83]).

*Der ganze Strudel strebt nach oben;*
*Du glaubst zu schieben und du wirst geschoben.*
Mephistopheles (Goethe: Faust, I. T.).

4. Heutzutage sind die Physiker meistens in zwei Lager geteilt. Die beiden Gruppen unterscheiden sich nicht hauptsächlich dadurch, daß die ersten nur Anhänger der Relativitätstheorie und die zweiten ihre Gegner sind, sondern diese beiden Gruppen der Physiker unterscheiden sich hauptsächlich durch die verschiedene Auffassung der Welt. Die Gegner der modernen Relativitätstheorie, meistens Physiker-Experimentatoren, stehen auf dem realistischen Standpunkte, da ihnen die Wirklichkeit auch unabhängig von uns existiert. Realistische Auffassung oder Weltanschauung ist die Ursache, daß wir uns so fest an den Weltäther halten, welcher der Weltuntergrund ist, aus Besorgnis, daß die Welt in einen Haufen von Emp-

[83]) Dies fangen auch einige Einsteinsche Anhänger schon an einzusehen. Vgl. Anmerkung 3 und das Buch von M. Born 24, S. 236. — Ich muß aufmerksam machen, daß dieser, wie auch die nächsten Paragraphen nachträglich für den Druck geschrieben sind. Die meisten Einwendungen in dem III. Teile dieser Abhandlung habe ich in zwei Kolloquien der »Societas scientiarium naturalium croatica« erhoben (Diskussion über die Einsteinsche und Wienersche Theorie und sodann über Raum und Zeit).

findungen und einigen gedachten Formen verschwimmt. So sagt z. B. E. Wiechert [84]): »Auch für unser geistiges Leben also bietet der Weltuntergrund, der Äther, die Grundlage. . . .«

Dagegen stellt sich die zweite Gruppe der Physiker, meistens Theoretiker und Mathematiker, hauptsächlich auf den rationalistischen Standpunkt. Die modernen Relativisten haben viele Berührungspunkte — könnten wir sagen — mit jüngeren Pythagoräern, weil auch ihnen die Welt nach mathematischen Vorbildern geschaffen ist. Sie glauben auch in die prästabilierte Harmonie zwischen der Mathematik und Physik und in die fast unbegrenzte Kraft des menschlichen Geistes. »Ein festgefügter Käfig, in den das Denken bisher gebannt war, ist gesprengt. . . .« jubelt Weyl [85]). Aber nur Auserwählte können diese Höhe erreichen, um jenseits in das versprochene Land zu schauen; nur diejenigen, welche ein äußerst feines Ohr besitzen, sind imstande, wunderschöne Akkorde kaum wahrnehmbarer und mystischer Musik der Sphären »harmoniae mundi« zu hören. Rasch wird man aber nüchtern, wenn man merkt, wohin dies führt: »Die Physik hat für die Wirklichkeit keine weitergehende Bedeutung wie die formale Logik für das Reich der Wahrheit . . .« gibt Weyl zu [86]), und er sagt mit Recht über die physikalischen Gesetze: ». . . der Grund der Wirklichkeit wird in ihnen nicht erfaßt«. Wir wissen heutzutage [87]), daß die physikalischen Gesetze nur Funktionen zwischen den physikalischen Größen sind, und die letzteren sind nur approximativ definiert; deswegen haben die physikalischen Gesetze nur einen angenäherten Wert. Sie sagen uns nicht, wie die Natur geschaffen ist, sondern wie sie a n n ä h e r n d geschaffen ist, sagt Gehrcke l. c. Die modernen Relativisten haben sich zu viel auf die Stärke des menschlichen Geistes verlassen, und sie haben sich zu früh gefreut, das Welträtsel lösen zu können, bis sie darauf aufmerksam gemacht

---

[84]) Vgl. Anmerkung 21, S. 42 der separaten Ausgabe.

[85]) Vgl. Anmerkung 55, S. 262.

[86]) a. a. O. S. 263.

[87]) E. Gehrcke, Anmerkung 14. Ich mache besonders aufmerksam auf § 23 dieses Buches.

wurden, daß die Wahrheit über die Wirklichkeit nur eine ist, während es unendlich viele, in sich widerspruchsfreie, logische Möglichkeiten gibt, welche mit der Wirklichkeit gar nichts gemein zu haben brauchen. Und jetzt kommt natürlich eine Periode der Skepsis, ob wir überhaupt die Natur und ihren transzendentalen Charakter erfassen können [88]). Die Zeit der Skepsis dauert aber nie lange, und es kommen schon heutzutage Versuche vor, eine klar durchsichtige Physik zu konstruieren, welche uns neue Naturgeheimnisse entdecken und die Forderungen unserer Vernunft befriedigen wird, und dies ist die Physik des Äthers! [88a])

Mit Hilfe der Physik des Äthers [88b]) können wir leicht alle Versuche erklären, welche Lorentz zur Kontraktionshypothese und Einstein zu seiner speziellen Relativitätstheorie

[88]) Der ausgezeichnete Vertreter dieser Richtung ist der Münchener Physiker und Philosoph H. Dingler; vgl. Anmerkung 12. — Vgl. auch H. Dingler: Relativitätstheorie und Ökonomieprinzip. Leipzig 1922. — Vgl. ferner H. Henning (Anmerk. 70a, S. 11), welcher sagt: »Jeder Relativismus ist als philosophisches System eine Unterabteilung des Skeptizismus, welcher vorzeitig darauf resigniert, allgemeingültige Wahrheiten zu finden.« Es freut mich, daß wir beide in diesem Punkte übereinstimmen.

[88a]) Vgl. Anmerkung 10. — K. Geißler in seinem neuesten Buch (Anmerkung 101) kommt ebenfalls durch Überlegungen zu dem Schluß: »Es gibt in der Natur keine sinnlichvorstellbare Raumstelle, welche leer, d. h. ohne Materie wäre; ... Es können nicht so wesensverschiedene Dinge wie bloß mathematische Gebilde und ausgedehnte Materie gemeinsam ein Ganzes einheitlicher Art (eine sinnlichausgedehnte Natur) bilden.« Diesem Autor ist die Materie nur eine spezielle Form des Kraftfeldes. Dagegen haben wir gesehen, daß H. Tetrode (siehe Anmerkung 76a) alles außer den Elektronen verwirft, also nicht nur den Äther, sondern auch das Feld. — Es ist sehr wichtig zu betonen, daß M. Palágyi (vgl. Anmerk. 31a, S. 66 u. ff.) auf Grund der Singulär- und Kollektivbewegung zum Weltäther und zur diskreten Materie geführt wurde.

[88b]) Bei dieser Gelegenheit muß ich darauf aufmerksam machen, daß eine Nachricht aus Amerika zu uns gekommen ist (vgl. Dayton C. Miller: Ether-Drift Experiments at Mount Wilson Solar Observatory. Phys. Rev. (2) Bd. 19, 407—408; 1922), daß der berühmte Michelsonsche Versuch im Mount Wilson Observatorium in einer Höhe von etwa 1800 m mit einem positiven Resultat wiederholt wurde: die Verschiebung der Interferenzstreifen betrug $^1/_{10}$ der erwarteten Amplitude. Daraus können wir schließen, daß in dieser Höhe der ganze Äther an der Bewegung der Erde nicht mehr teilnehme.

geführt haben. Unter den ersten versuchte dies auch H. Fricke, welcher eine von den besten und tiefsinnigsten Kritiken der Einsteinschen Relativitätstheorie gegeben hat [89]); er zeigte [90]), wie systematisch weiterentwickelte und vervollkommnete klassische Mechanik und die Äthervorstellung uns mit Hilfe der elementaren Rechnungen und klaren Vorstellungen zu einem viel größeren Resultate führen als die Einsteinsche Theorie, welche für Fricke gerade auf einem abstoßenden Wege zu ihnen gelangt. Er macht besonders auf den Versuch von Sagnac aus dem Jahre 1913 aufmerksam, da dieser Versuch die Einsteinsche Theorie umwirft, was selbstverständlich die Relativisten nicht zugeben wollen, die lieber mit einer Verdrehung der Tatsachen arbeiten. Fricke ist überzeugt, daß Einstein zwei Grundbegriffe verwechselt hat, indem er die Lichtgeschwindigkeit konstant (absolut) und die Zeit relativ genommen hat; für ihn ist auch das Einsteinsche Relativitätsprinzip unhaltbar.

Die Hypothese der Konstanz der Lichtgeschwindigkeit für alle Beobachter, welche sich gegeneinander mit einer konstanten relativen Geschwindigkeit $v$ bewegen, im Falle, daß kein Gravitationsfeld besteht (bzw. in einem homogenen Teile solches Feldes), ist der dunkelste Punkt der ganzen speziellen Relativitätstheorie. Ich würde mich getrauen, hier zu behaupten, daß der einzige Ausweg wäre, das Licht als reines Actio in distans zu erfassen. Das letztere will die Relativitätstheorie um jeden Preis umgehen, obwohl ich denke, daß es hier das logischeste wäre! [90a]) Sonst ist diese Voraussetzung, welche eine Grundlage der speziellen Relativitätstheorie ist, unhaltbar, wie dies besonders schön

[89]) H. Fricke: Der Fehler in Einsteins Relativitätstheorie. Wolfenbüttel 1920.

[90]) Siehe Anmerkung 89, dann noch H. Fricke: Die neue Erklärung der Schwerkraft. Wolfenbüttel 1920. Dieser Autor hat auch eine ausgezeichnete Kritik der klassischen Mechanik gegeben (Klassische Mechanik, Relativitätstheorie oder Ätherphysik. Astronom. Zs. März-Heft, 31—34; 1921).

[90a]) Einen ganz anderen Ausweg hat N. v. Raschevsky gefunden (vgl. Anmerkung 25). — Es scheint, daß wir reiner Actio in distans in der Tetrodeschen Physik begegnen (vgl. Anmerkung 76a).

der Prager Philosoph O. Kraus [91]) bewies, welcher als erster darauf aufmerksam gemacht hat, daß Einstein die Fiktion mit der Wirklichkeit verwechselte, und umgekehrt wurde ihm die Wirklichkeit nur zur Fiktion. So sagt Kraus wörtlich [92]): »Nun ist aber das Einsteinsche Konstanzprinzip, weit davon entfernt, eine Tatsache, ja auch nur eine Hypothese zu sein, nichts anderes als eine in sich unmögliche mathematische Fiktion.« Und gerade der Mathematik zuliebe, mit Hilfe welcher verschiedene Formeln und Theorien scheinbar auf äußerst elegante Form zurückgeführt werden können, sind auch die ersten Physiker ihr zum Opfer gefallen, nach ihnen selbstverständlich die Mehrzahl der übrigen. Die Mehrzahl der Relativisten sind Opfer einer Suggestion; niemand wollte Gefahr laufen, eventuell die eigene Unwissenheit zu zeigen, und einer hat den anderen mit sich gezogen [93]). Man hat dann versucht, mittels Reklame und mit Hilfe einer Unzahl populärer Darstellungen auf das Publikum zu wirken, und über das Publikum auf solche Fachmänner, Physiker und Philosophen, welche sich nicht unterwefen wollten. Man hat aber

[91]) O. Kraus: Fiktion und Hypothese in der Einsteinschen Relativitätstheorie. Erkenntnistheoretische Betrachtungen. Ann. d. Philosoph. II, 332 bis 396; 1919, dann: Die Verwechslungen von »Beschreibungsmittel« und »Beschreibungsobjekt« in der Einsteinschen speziellen und allgemeinen Relativitätstheorie. Kantstudien XVI, 454—486; 1922.

[92]) Die erste zitierte Abhandlung, S. 380 in der Anmerkung.

[93]) Vgl. die Gehrckesche Broschüre in der Anmerkung 70. Hier wird in dem besten Lichte gezeigt, warum es den Fachmännern so schwer gewesen war, sich ihr eigenes Urteil von dieser Theorie zu bilden; Gehrcke sagt (S. 29): »... zumal Einstein sein Werk mit Geschicklichkeit zu verteidigen wußte und den Physikern ihre Bedenken mit mathematischen und philosophischen, den Mathematikern ihre Bedenken mit physikalischen und philosophischen, den Philosophen ihre Bedenken mit mathematischen und physikalischen Gegengründen zerstreute: jeder Fachmann beugte sich vor der Autorität des Kollegen im anderen Fach, ...«. Wieviele sind wir schon, welche uns davon überzeugt haben! Es ist charakteristisch, was Einstein in Leiden über die Weylsche verallgemeinerte Theorie gesprochen hat: »... doch glaube ich nicht, daß seine Theorie der Wirklichkeit gegenüber standhalten wird.« Wie wir in dem letzten Paragraphen sehen werden, hat die Einsteinsche Theorie in der Erfahrung versagt. (Vgl. auch Anmerk. 72a.)

— wie wir gesehen haben — gerade das Gegenteil erreicht. . . .

Wir Gegner der modernen Relativisten erwarten ruhig das Ende der letzten Phase dieses großen Kampfes; unsere Reihen vermehren sich rapid mit den Fachmännern, während die relativistische Front auf vielen Stellen durchbrochen ist. Die modernen Relativisten ziehen sich Schritt um Schritt zurück . . . [94])

*Wolkenzug und Nebelflor*
*Erhellen sich von oben.*
*Luft im Laub und Wind im Rohr,*
*Und alles ist zerstoben.*
Orchester. Pianissimo. (Goethe: Faust, I. T.: Walpurgisnacht).

5. Aus dem ganzen hier hervorgebrachten und kritisch beleuchteten Material ersehen wir, daß der einzige Vorteil der Relativitätstheorie darin besteht: sie versucht eine große Menge physikalischer Erscheinungen, einschließlich der Gravitation, scheinbar einheitlich zu beschreiben. Wir haben dagegen gesehen, daß diese Theorie viele Nachteile hat, und ich will hier noch einige anführen:

1) Ihrem Wesen nach ist die Einsteinsche Relativitätstheorie eine raumzeitliche Absoluttheorie [95]), welche bei der Beschreibung der Naturerscheinungen eine vierdimensionale Raumzeitmannigfaltigkeit nötig hat.

---

[94]) Vgl. Vorwort 3. — H. Reichenbach in seiner letzten Arbeit: Relativitätstheorie und die absolute Transportzeit (Zs. f. Physik Bd. 9, 111—117; 1922) sagt für die absolute und relativistische Zeit (S. 117): »Da Definitionen willkürlich sind, so wären beide Zeiten gleichberechtigt.« — Vgl. Anmerkung 25 und besonders 104. Vgl. dann Henri Bergson: Durée et simultanéité. A propos de la théorie d'Einstein. Paris 1922; Préface S. VI: »Non seulement les thèses d'Einstein ne paraissaient plus contredire, mais encore elles confirmaient, elles accompagnaient d'un commencement de preuve la croyance naturelle des hommes à un Temps unique et universel.«

[95]) Vgl. die Wiechertsche Abhandlung 21, dann E. Kretschmann: Über den physikalischen Sinn der Relativitätspostulate, A. Einsteins neue und seine ursprüngliche Relativitätstheorie. Ann. d. Physik (4) Bd. 53, 575—614; 1917. Zu diesem Resultate gelangt der Autor auf einem ganz exakten Wege. Ich muß aber erwähnen, daß darauf schon E. Gehrcke 1914 (vgl. Anmerk. 32a, S. 485) aufmerksam gemacht hat.

2) Die Relativitätstheorie nimmt als vierte Dimension das imaginäre Produkt von Zeit und Lichtgeschwindigkeit im »leeren« Raume an, was physikalisch vollkommen unbewiesen, ja sogar unverständlich ist. Dagegen wird bei der Rechnung diese vierte Dimension als eine reelle »Länge« eingeführt, welche noch niemand konstatiert hat [95a]). Es ist ganz natürlich, daß es eine besondere Frage ist, warum unser Raum dreidimensional ist; mit dieser Frage haben sich schon viele große Geister befaßt. In der neuesten Zeit hat O. Wiener in seiner (hier schon erwähnten) Kinematik des Äthers einen Beweis dafür gegeben. Er nimmt an, daß sich jedes Ätherteilchen immer mit einer konstanten Geschwindigkeit bewege, d. h. seine Beschleunigung $X$ ist senkrecht auf der Richtung der Geschwindigkeit. Wiener zeigt, daß außerdem in einem $n$-dimensionalen Raume zwei Gruppen, jede aus drei Vektoren $X$, $\mathfrak{A}$, $\mathfrak{B}$ und $X$, $\mathfrak{u}$, $\mathfrak{P}$ bestehen, welche in den Räumen mit $(n-1)$ Dimensionen senkrecht auf der Richtung der Geschwindigkeit im $n$-dimensionalen Raume liegen. Deshalb muß die Beschleunigung $X$ sich in dem Schnitte der beiden $(n-1)$-dimensionalen Räume befinden, d. h. dieser Vektor $X$ befindet sich in einem Raume mit $(n-2)$ Dimensionen. Da $X$ nur in einer Dimension liegen kann, so ist deshalb $n-2=1$, d. h. $n=3$. Unser Raum ist also dreidimensional. In dieser Beziehung sind auch die Untersuchungen von P. Ehrenfest [96]) interessant, da er folgende Frage aufstellt:

[95a]) Hier muß ich betonen, daß außer der Einstein-Weylschen Theorie der Gravitation und Elektrizität (Materie) noch eine geniale vierdimensionale Theorie der Gravitation und Elektrizität (Materie) besteht, welche E. Reichenbächer in sechs Abhandlungen in den Ann. d. Physik zwischen 1917 und 1922 entwickelt hat und welche von den übertriebenen Unmöglichkeiten und Abweichungen der Relativitätstheorie frei ist; seine Theorie ist deshalb viel wahrscheinlicher. In dieser Theorie ist Gravitationspotential ein Skalar gleich dem Logarithmus der veränderlichen Lichtgeschwindigkeit. Diese geniale Theorie, obwohl sie ebenfalls spekulativer Natur ist, würde etwas mehr Achtung verdienen, da sie uns klar zeigt, daß man solche Physiken (logische Möglichkeiten) unendlich viele konstruieren kann.

[96]) P. Ehrenfest: Welche Rolle spielt die Dreidimensionalität des Raumes in den Grundgesetzen der Physik? Ann. d. Physik (4) Bd. 61, 440—446; 1920.

»Welche singulären Vorkommnisse unterscheiden die Physik des $R_3$ vor der in den übrigen $R_n$?« Das wichtigste Resultat dieser Untersuchungen ist eben, wenn wir das Attraktionsgesetz für höhere $R_n$ als $R_3$ verallgemeinern, daß die geschlossenen Bahnen der Planeten um die Sonne (welche in der Endlichkeit liegen), unstabil und unmöglich sind. Ehrenfest hat ebenfalls gezeigt, daß die Dualität zwischen dem magnetischen und dem elektrischen Felde nur für den dreidimensionalen Raum ($R_3$) besteht und er ladet die Physiker ein, solche Untersuchungen in dieser Richtung fortzusetzen. So bemerkt E. Gehrcke in seinem hier schon mehrmals erwähnten Buch, wenn unser Raum mehr als dreidimensional wäre, daß dann ein Körper verschwinden und entstehen könnte, was bis jetzt nicht bemerkt wurde.

3) Einstein nimmt mit Minkowski an, daß die so definierte vierte Dimension den drei räumlichen Dimensionen vollkommen gleichberechtigt ist, was nichts anderes als eine reine Hypothese ist [97]). Ebenso nimmt Einstein an, daß die Gravitationsgleichungen in bezug auf alle vier Koordinaten symmetrisch gebaut sind, was durch nichts bewiesen ist; eine Folge dieser Hypothese ist, die Gravitation pflanze sich im Raum mit der Lichtgeschwindigkeit fort [98]).

4) Die Einsteinsche Theorie führt zu unnötigen Komplikationen mathematischer Natur, sie ist deshalb recht undurchsichtig [99]). Wenn sie auch vom mathematischen Stand-

[97]) Von demselben Standpunkte habe ich 1916 die räumliche und zeitliche Translation betrachtet; vgl. Anmerkung 56.

[98]) Darauf hat E. Wiechert aufmerksam gemacht. Zu demselben Resultate wie auch Einstein ist ohne Relativitätstheorie L. Maillard gekommen (Cosmogonie et gravitation. Deux mémoires. Faculté d. scienc. d. l'univers. d. Lausanne, 1922. Besonders die zweite Abhandlung, welche jede Achtung verdient, wo die Perihelverschiebungen fast aller Planeten erklärt werden).

[99]) Auf Grund des »Einsteinschen« Coupés habe ich unlängst auch ohne vierte Dimension und ohne Tensoranalysis eine elementare Theorie der Gravitation aufgestellt, welche zu ähnlichen Resultaten wie auch die allgemeine Relativitätstheorie uns führt. Vgl. Anmerkung 51, dann noch S. Mohorovičić: Das »homogene« Gravitationsfeld und die Lorentztransformation. (Bemerkung zur Untersuchung von Herrn Karl Bollert.) Zs. f. Physik Bd. 11, 88—92; 1922.

punkt anziehend sein mag, so denkt E. Gehrcke[100]: »daß über die Frage, ob sich irgendeine Relativitätstheorie auf die Natur übertragen läßt oder nicht, und über die Frage, ob die Relativitätstheorie wahr ist oder nicht, der Mathematiker als solcher überhaupt keine Antwort geben kann.« Gerade so richtig sagt auch K. Geißler[101]: ». . . die Mathematik begründet nicht die Natur, sondern bedarf der Begründung, so wertvolle Dienste sie auch für eine Seite der Naturwissenschaft leistet.«

5) Die Relativitätstheorie begnügt sich nur mit der mathematischen Beschreibung der Naturerscheinungen, und sie verzichtet auf jede physikalische Erklärung. Der Charakter dieser Theorie ist rein formalistisch-phänomenalistisch. Die Naturgesetze werden nur in der Form der Differentialgleichungen dargestellt, ohne daß man eine Rücksicht auf die Wirklichkeit nimmt. Mit Recht sagt H. Dingler[102]: »Verwirrung kommt nur zustande, wenn der Mathematiker meint, auf diese Weise Physik treiben zu können.«

6) Die moderne Relativitätstheorie setzt die prästabilierte Harmonie zwischen der Mathematik und der Physik voraus, welche durch nichts bewiesen ist. H. Dingler und E. Gehrcke widersetzen sich ihr mit starken Argumenten; aber dieses große und grundlegende Problem müßte man einer strengen Analyse unterziehen. Es scheint, daß die Relativisten hier in den Mystizismus geraten sind.

7) Das Axiom der Einsteinschen Theorie, daß keine ausgezeichneten Koordinatensysteme bestehen und daß alle Koordinatensysteme bei der Beschreibung der Naturerscheinungen gleichwertig sind, ist unhaltbar. Zuerst Fr. Adler, dann

---

[100]) E. Gehrcke: Die Stellung der Mathematik zur Relativitätstheorie. Beitr. z. Philos. d. deutsch. Idealismus Bd. 2, S. 18; 1921.

[101]) Fr. J. Kurt Geißler: Die Grundlagen der Natur (Philosophia naturalis). Eine Erkenntnislehre. S. 4. Leipzig 1922. Auch dieser tiefsinnige Denker ist gegen die Einsteinsche Theorie aufgetreten in der Schrift: Zusammenhängende Darstellung einer grundwissenschaftlichen Relativität und gemeinverständliche Widerlegung des formalen Relativismus von Einstein und verwandten. Leipzig 1921.

[102]) Vgl. Anmerkung 12. Ein ausführliches Referat dieses Buches habe ich in Nastav. Vjesn. H. 9—10; Zagreb 1921 gegeben.

auch ich haben ganz exakt gezeigt, daß auch in der speziellen Relativitätstheorie ausgezeichnete Koordinatensysteme bestehen [103]). So kommt z. B. Einstein zu dem Schluß, daß die Welt in drei räumlichen Dimensionen endlich und geschlossen sei, und zwar auf Grund der Voraussetzung (Hypothese), die Materie ruhe durchschnittlich im Raume. Einstein ist also inkonsequent, da er auf diese Weise ein ausgezeichnetes Inertialsystem eingeführt hat, und er benutzt den Raum, welcher mit physikalischen Qualitäten ausgestattet ist, im Newtonschen Sinne.

In der Physik, ähnlich wie auch in der Geometrie, haben einige Koordinatensysteme bei der Beschreibung einer Naturerscheinung oder einer Gruppe von Vorgängen einen Vorteil vor den anderen; wenn wir andere Koordinatensysteme benutzen, stoßen wir auf unnötige mathematische Komplikationen [104]). Dies kommt am besten bei der Rotation zum

---

[103]) Vgl. Anmerkungen 57 und 25.

[104]) E. Wiechert, Anmerkung 21. — Ein Verehrer von Einstein, der Physiker G. Mie (Anmerk. 55, S. 62) sagt wörtlich: »Man findet deswegen vielfach die Meinung verbreitet, daß nach der allgemeinen Relativität alle Koordinatensysteme gleichberechtigt seien, daß man beispielsweise jetzt nicht mehr sagen könne: ‚Das kopernikanische Koordinatensystem ist das richtige, das ptolemäische ist falsch', weil beide in gleichem Maße willkürlich gewählt seien. Die Verbreitung dieser Meinung, die man eigentlich als die ‚relativistische' Auffassung bezeichnet, hat sicherlich viel dazu beigetragen, das Interesse weiter Kreise an der Einsteinschen Gravitationstheorie wachzurufen. Aber trotzdem und trotz der Zuneigung Einsteins selber zu der relativistischen Auffassung glaube ich bestimmt sagen zu dürfen, daß sie nicht haltbar ist, weil sie die erkenntnistheoretischen Grundlagen der Naturforschung verkennt. Es ist nicht richtig, daß die Form der Naturgesetze die einzige Norm wäre, nach welcher die Vernunft über Zulässigkeit oder Unzulässigkeit eines Weltbildes entschiede.«

Ich halte es für lächerlich, wenn behauptet wird, daß die beiden Weltsysteme, das kopernikanische und das ptolemäische, gleichwertig seien. Das ptolemäische System beschreibt uns nur kinematisch die Himmelserscheinungen (die Bewegung der Sonne, des Mondes, der Planeten und Sterne); damit solche Beschreibung ganz richtig ist, müßte man das ptolemäische System äußerst komplizieren, um auch die Fälle zu vermeiden, welche in dieser Theorie eventuell vorkommen könnten, daß ein Planet durch die Sonne durchgeht, usw. Heutzutage wissen wir schon, daß sich auch die Fixsterne bewegen, deshalb würden

Vorschein, was ich klar schon vor einem Jahre gezeigt habe [105]); P. Lenard machte z. B. darauf aufmerksam, daß man dabei zu furchtbar großen Geschwindigkeiten gelangt, was sich im Widerspruche mit der Einsteinschen Theorie befindet. Alles

---

sie im solchen System äußerst komplizierte Kurven beschreiben (z. B. Algol, sehr nahe Doppelsterne usw.). Wenn wir auch bis in die Einzelheiten ein solch kompliziertes ptolemäisches System durchführen würden, könnten wir nie wissen, warum diese Körper solch komplizierte Bewegungen ausführen. Dagegen ist das kopernikanische System weit überlegen und von mathematischer Seite viel einfacher (also auch wahrscheinlicher). Dieses letztgenannte Weltsystem beschreibt uns nicht nur die Bewegungen der Himmelskörper, sondern erklärt sie uns auch mittels des Newtonschen Attraktionsgesetzes (oder mit Hilfe eines anderen solchen Gesetzes). Dabei hat die Erde ihre ausgezeichnete Stellung als Weltmittelpunkt verloren, sie wird gleichwertig mit allen übrigen Himmelskörpern. In der heutigen Astronomie, welche schon die Größe und Entfernungen der Himmelskörper mißt, ist das ptolemäische Weltsystem ganz unmöglich. (Man muß nur bedenken, was für komplizierte Wege das Fixsternlicht durcheilen müßte, um zu uns zu gelangen.) **Vgl. besonders: Lenore Ripke-Kühn: Kant contra Einstein. Beiträge z. Philosophie d. deutsch. Idealismus, Beiheft 7, Erfurt 1920.**

[105]) Vgl. besonders meine Arbeit, zitiert in der Anmerk. 4, da ich dort ausdrücklich betont habe (S. 738): »Wenn ich einen kleinen Kreisel mit meinen Fingern in Rotation versetze, dann sind von dem Standpunkte der allgemeinen Relativitätstheorie folgende zwei Annahmen vollkommen gleichberechtigt, und zwar 1. der Kreisel rotiere in der ‚ruhenden' Welt, und 2. die ganze Welt rotiere um den ‚ruhenden' Kreisel. Wenn die zweite Annahme zulässig wäre, mußten wir annehmen, daß ich mit meinen Fingern die ganze Welt in die Bewegung um den ‚ruhenden' Kreisel gesetzt habe, und dies ist doch unsinnig! Die beiden Annahmen sind nicht mal vom rein mathematischen Standpunkte gleichberechtigt; vom physikalischen Standpunkt also noch weniger. Wir müssen froh sein, daß in der Zeit des Ptolemäus die moderne Vektor- und Tensoranalysis unbekannt war, sonst hätte Kopernikus sicher nicht soviel Glück gehabt.« Die anderen Einwendungen kann ich hier wegen beschränkten Platzes nicht anführen, jedoch muß ich hier noch folgendes hinzufügen: Wäre der relativistisch-ptolemäische Standpunkt erlaubt, so müßte die ganze Welt um die Achse rotieren, welche gerade durch meinem Standpunkt hindurchgeht. Verändere ich meinen Beobachtungspunkt, so wird die ganze Welt sofort um eine andere Achse rotieren, und dabei entstehen in der Welt gewaltige Verzerrungen, wofür ungeheure Kräfte nötig wären. Diese ungeheuren Kräfte müßte ich verwenden, um überhaupt in der Welt meinen Beobachtungsplatz verändern zu können, was sich in keiner Übereinstimmung mit der Erfahrung befindet. Dieser relativistische Standpunkt widerspricht also jeder Erfahrung!

dies können wir leicht umgehen, wenn wir annehmen (wie man dies in der klassischen Physik getan hat), unsere Erde sei in der »ruhenden« Welt mit allen übrigen Himmelskörpern, welche ebenfalls rotieren, gleichwertig. Ob die Welt (mit dem Äther) als ganze Totalität (zusammen mit der Erde) ruht oder sich bewegt, darüber zu reden hat weder in der Newtonschen Physik noch in der Relativitätstheorie einen Sinn (z. B. wenn unsere Welt endlich wäre, und wenn sie dann in einem vier- bzw. fünfdimensionalen Raume »schwimmen« würde). Die eine wie die andere Physik betrachten nur die Erscheinungen innerhalb der Welt. Die klassische Physik zeichnet sich dabei durch gesunde, realistische Auffassung der Erscheinungen und durch größtmögliche Einfachheit aus.

8) Die Relativitätstheorie hat bis jetzt noch nicht die Quantentheorie mit den übrigen physikalischen Vorgängen in Zusammenhang gebracht, und Einstein selbst gibt zu [106]), daß seine Theorie bei den Raumteilen submolekularer Größenordnung versagt. Für uns ist dieses Einsteinsche Eingeständnis sehr wichtig, da ich zweifle, daß auf verschiedenen Raumstellen verschiedene Geometrie gelten wird [106a]). Offenbar, hier fehlt ein Glied in der Erklärung, welchem er mit Gewalt ausweichen will. (In der neuesten Zeit hat H. Tetrode einen solchen Versuch gemacht, vgl. Anmerkung 76a).

9) Dagegen ist Einstein überzeugt, daß er seine Theorie bei der Betrachtung des ganzen Kosmos gut verwenden könne. Aber in der Diskussion in Collège de France (Ende März 1922) wurde Einstein gezwungen, der Behauptung von Le Roux zuzustimmen, daß, je nachdem die Entfernung zweier Punkte gemessen wird, der Raum eine positive, negative oder überhaupt keine Krümmung haben könne [107]). Le Roux sagt wört-

---

[106]) A. Einstein: Geometrie und Erfahrung. Berlin 1921.

[106a]) Vgl. das grundlegende Buch von H. Dingler (Anmerk. 12); hier hat er eine von den besten Kritiken der Einsteinschen Relativitätstheorie gegeben (S. 150—188). — Vgl. auch Anmerk. 88.

[107]) R. Thiry: Sur la notion de courbure de l'espace. Rev. gén. d. scienc. pures et appliquées, Bd. 33, 225; 1922. Der Verf. sagt wörtlich: »Il est bien

lich[108]): »Wir können zu der Kenntnis der Krümmung der Flächen nur durch die gleichzeitige Betrachtung zweier quadratischer Formen gelangen und durch die Zusprechung eines physikalischen Sinnes zu einer derselben. Wenn wir nur eine Form in Betracht ziehen, wie bei der Relativitätstheorie, dann können wir noch verschiedene Invarianten berechnen, welche eine analytische Bedeutung haben; wir werden aber nicht das Recht haben, diesen Invarianten eine Eigenschaft des Raumes zuzusprechen.« Aus diesen wie auch aus den früher erwähnten Painlevéschen Untersuchungen folgt, daß die Mehrzahl der Folgerungen auch der allgemeinen Relativitätstheorie nur eine Fiktion sind.

10) Die Einsteinsche Relativitätslehre führt uns zu Folgerungen, welche ein ernster Naturforscher unter keiner Bedingung akzeptieren kann! Wir haben genug Gelegenheit gehabt um dies zu sehen.

Aus allen hier hervorgebrachten Einwendungen geht klar hervor, daß sich die Einsteinsche Theorie nicht halten wird. Sie ist nur eine vergängliche Theorie, deshalb habe ich in einem Kolloquium der »Societas scientiarum naturalium croatica« (am 10. Dezember 1921) meine Kritik dieser Theorie so beendet, daß ich die bekannten Planckschen Worte umgedreht habe, welche er in der Versammlung der deutschen Physiker in Salzburg 1908 gesagt hat; ich habe nämlich den Schluß gezogen: »Ich betrachte die Relativitätstheorie als einen überwundenen Standpunkt!« Nicht einmal zwei Monate nachher ist auch A. v. Weinberg in einem Vortrage in »Senck. Naturforsch. Gesellsch.« in Frankfurt a. M. zu dem Schlusse

---

évident qu'en soi, l'espace n'a pas de courbure définie, qu'il n'en acquiert une que relativement à une métrique particulière, et qu'il en est de même pour le fait de son étendue finie on infinie.« Bei dieser Gelegenheit muß ich darauf aufmerksam machen, daß schon K. Geißler (Eine mögliche Wesenserklärung für Raum, Zeit, das Unendliche und die Kausalität usw. Berlin W. 1900) ausdrücklich gesagt hat (S. 13): »So kommt es, daß es eine Maßeinheit für sich im leeren, verhältnislosen Raume gar nicht gibt.«

[108]) J. Le Roux: La courbure de l'espace. C. R. Bd. 173, Séance de 3 Avr., Paris 1922.

gekommen, die Theorie verschwinde langsam am Horizont[109]).

*Hab Dank für alles, fürs Zanken,*
*Für Schläge, für Scherz und Kuß!*
*Doch mußt du nun auch mir danken*
*Für die Fahrt — —*
*Das ist der Schluß.*

Peer Gynt (Ibsen: Peer Gynt. III. — Nach deutscher Übersetzung von Passarge).

6. Die Relativitätstheorie liegt auf dem Sterbebett. Auf sie kann man die Peer Gyntschen Worte anwenden: »Ich war lange tot vor meinem Tode!« Und wir müssen uns wundern, wie sich diese Theorie auch trotz außerordentlicher Reklame und schöner mathematischer Theorien so rasch erheben konnte, um dann wie ein Meteor zu versinken. Wie das auch sein mag, es ist eine Tatsache, daß das relativistische Schiff sinkt, und viele, darunter ausgezeichnete Relativisten, springen schon in die Rettungsboote hinein; viele, darunter auch die ersten Physiker, singen ihr schon den Grabgesang. Ohne Rücksicht darauf, daß die Einsteinsche Theorie so kompliziert ist[110]), und deshalb auch schwer verständlich und gerade deshalb als etwas außerordentlich Geniales hingestellt wurde, kann sie uns nicht befriedigen, da wir überzeugt sind, daß komplizierte Prinzipien nicht existieren[111]). Mit Recht schreibt mir dieser Tage J. H. Ziegler, daß es nichts besseres gibt: »... als der Welt die große Wahrheit zum Bewußtsein zu bringen, daß jede große neue Wahrheit etwas einfaches und allgemeinverständliches sein muß. Die Schwerverständlichkeit einer Sache ist geradezu ein Kriterium für ihre Unrichtigkeit. Jede Wahrheit

---

[109]) Siehe Anmerkung 31. — Zur Kritik der Relativitätstheorie vergleiche die sehr gute Schrift von R. Weinmann: Gegen Einsteins Relativierung von Zeit und Raum. München-Berlin 1922.

[110]) So sagt P. Lenard in dem Vorwort der Soldnerschen, neuabgedruckten Abhandlung (siehe Anmerkung 42, S. 600): »Wenn die Widerlegung grundsätzlicher Einwände, wie man sie der allgemeinen Relativitätstheorie gemacht hat, ganze Abhandlungen erfordert und dann doch nicht befriedigt, so ist an Klarheit um diese Theorie offenbar noch viel zu wünschen übrig.«

[111]) Vgl. Anmerkung 14, Vorwort.

ist notwendig auch eine Klarheit und daher keine Dunkelheit, wie die verschrobene Relativitätslehre.«

Aber es werden mir sicher viele Verführte noch immer vorwerfen, daß die Relativitätstheorie uns die Perihelbewegung der Planeten, die Lichtablenkung und die Verschiebung der Spektrallinien in dem Gravitationsfelde [111a]) sowie auch einige andere Folgerungen »erklärt« hat. Hier muß ich aber wiederholen, was ich schon gesagt habe, daß jede Theorie, welche von dem Newtonschen Attraktionsgesetze abweicht, zur Perihelverschiebung führt [111b]); dasselbe haben wir auch bei der

[111a]) Alles dies ist keine neue Erfindung der modernen Relativitätstheorie; darüber spricht schon S. D. Poisson in seiner berühmten Traité de mécanique. 2. Édit., T. I, Paris 1833. — Unlängst hat A. Reuterdahl (Anmerkung 11) darauf aufmerksam gemacht, daß das Äquivalenzprinzip keine Erfindung Einsteins ist; er sagt wörtlich (S. 4): ,Kinertia', during the period of time from 1877 to 1881, convinced himself that the so-called attractive force of gravitation was an illogical inference not warranted by facts. (For more complete details refer to the author's article, ,Kinertia Versus Einstein' which appeared in The Dearborn Independent, April 30, 1921.) On the 27th day of June 1903, ,Kinertia' filed with the ,Kgl. preußische Akademie der Wissenschaften' a description of a mechanical device and an account of an experiment by which ,gravity' could be produced experimentally. (The writer is in possession of the original acknowledgment of the receipt of this deposition.) The ,gravity machine' of ,Kinertia', when water only is used, generales a spiral vortex in space similar to the vortex of a spiral nebulae. When lead balls are projected from the machine by means of either water or compressed air, then the balls describe elliptical orbits, like the planets, while advancing along the neutral axis of rotation. The resultant path, in the latter case, is therefore an elliptical spiral. Many years later (1911—1915 inclusive) Dr. Einstein presented this same theory to a then receptive scientific world with the result that he was subsequently proclaimed a ,greater than Newton'.

,Kinertia' concludes that the effects formerly attributed to the action of a ,force' called gravitation are due to acceleration. He includes a dynamic principle in his concept.

It is an incontrovertible fact, therefore, that ,Kinertia' announced the now famous, ,Principle of Equivalence', many years before the alleged discoverer Einstein wore the excessive plaudits of the overenthusiastic scientific world. The work of ,Kinertia', however, is free from the erroneous sophistical solipsism of Einstein.« Vgl. auch Anmerkung 69.

[111b]) Neuerdings hat G. Bertrand: La loi électrodynamique de Riemann, le périhélie de Mercure et la déviation des rayons lumineux. Bull. d. Scienc. math. Ser. 2, T. XLVI, 265—272, 1922, gezeigt, daß auch das modifizierte Riemannsche

Relativitätstheorie. Alles dies ist schon längst vor Einstein untersucht worden. Etwas Ähnliches haben wir bei der Lichtablenkung im Gravitationsfelde gesehen. Die Verschiebung der Spektrallinien könnte verschiedene Ursachen haben (Druck, Strömungen usw.), wer will darüber heute entscheiden? Hier müssen wir gerade die Worte wiederholen, mit welchen Ziegler [112]) die »Forscher« der Lebenslänge einiger Elemente auslachte und sagen: »Wer sich nicht selbst an deren Feststellung beteiligen konnte, schrieb wenigstens darüber.« Gerade so hat das Experiment die Folge dieser Theorie, daß in der Nähe der rotierenden Massen auch das Maßfeld rotieren müßte, nicht bestätigt; und dies ist ausschließlich eine Folge der Einsteinschen Theorie. Dazu tritt noch der berühmte Versuch von Sagnac hinzu, welcher gegen diese Theorie spricht und welcher sagt, daß die Rotation keine relative Bewegung ist. Jede physikalische Theorie muß sich aber mit der Erfahrung im vollkommenen Einklange befinden. Hier kommen gerade die Frickeschen Worte zur Geltung, wenn er behauptet, der Theoretiker Einstein habe die Resultate der Experimentalphysik ganz schlecht verstanden: »Hier ist der Punkt, über den Einstein keine Rechenkunst, kein Jonglieren mit Formeln wird hinweghelfen können. Denn das Wort hat hier nicht der Mathematiker oder der Philosoph, sondern allein der praktische Experimentalphysiker. Hier kann der Kampf unabhängig von aller Dialektik und Philosophie mit reinen Tatsachen geführt werden [113a]).«

---

Attraktionsgesetz nicht nur zu ähnlicher Formel für die Perihelverschiebung des Planeten $d\Omega$ führt, sondern auch zur Lichtablenkung $\delta$ im Gravitationsfelde (für $d\Omega = 43''$ ist $\delta = 2'',2$; für $d\Omega = 38''$ ist $\delta = 2'',0$). Deshalb sagt er ausdrücklich (S. 272): »Il faudra donc des mesures d'une extrême précission pour choisir entre Einstein et Riemann.«

[112]) Vgl. Anmerkung 72, das zweite zitierte Buch, S. 73.

[113]) Vgl. Anmerkung 89, S. 5—6.

[113a]) Ich muß bemerken, daß es bis jetzt in der Physik üblich war — was auch einzig und allein richtig ist —, daß man jede Theorie (Hypothese), welche in Widerspruch mit der Erfahrung kam, fallen gelassen hat, und trachtete, sie durch etwas Besseres zu ersetzen; solche Hypothese behielt nur noch einen historischen Wert. Dies geschah auch schon der Einsteinschen Relativitäts-

Endlich sind wir am Ende angelangt, nachdem unser Weg uns durch eine unterirdische Gegend voll Dunkelheit und Irrtümer geführt hat. Jetzt, ans Licht gekommen, werden wir leichter den richtigen und dornigen Weg finden, welcher uns zur Wahrheit führt [114]. Alle diejenigen aber, welche aufrichtig die Wahrheit und das Licht lieben, werden unerschrocken weitergehen und sie werden immer an die Goetheschen Verse (Vier Jahreszeiten, 58) denken:

»Irrtum verläßt uns nie; doch ziehet ein höher Bedürfnis
Immer den strebenden Geist leise zur Wahrheit hinan.«

---

theorie. So sagt T. I. I. See in seiner Schrift: New Theory of the Ether. VII. (Astron. Nachr. Bd. 217, Sondernummer, 1922) folgendes: »In Dr. K. F. Bottlingers Inaugural Dissertation at the university of Munnich, 1912, it is stated that Einstein has been so unsuccessful in his attempt to connect gravitation with electrodynamic action, that he had quite turned away from it. Out of this Einstein failure grew the much discussed but false doctrine of Relativity. It was prematurely exploited in England, by the Royal societies and by scientific journals, which have since regretted the record of this ill-advised course.«

[114]) Hier muß ich scharf dagegen protestieren, daß man verschiedene Theorien, welche noch ganz hypothetischer Natur sind, früher als sie von den Fachmännern als festes Eigentum der Wissenschaft allgemein anerkannt werden, dem Publikum als neue außerordentliche Erfindungen darstellt, die alles, was man bis jetzt in der Wissenschaft geleistet hat, umstürzen. Auf diese Weise wird man jedes Ansehen, welches die Wissenschaft vor dem Publikum genießt, vernichten. — Ich erwähne noch, wie Sten Lothigius (Anmerkung 11, S. 7) über die Einsteinsche Unternehmung denkt: »Les libertinages mathématiques d'une autre personne (Einstein) n'ont en grande partie rien de commun avec la physique, même si un hasard immoralement heureux aurait fait que la facite s'accorde; et il doit même être défendu de faire de la physique d'une manière non cultivée. Je ne dis point cela pour mon propre compte, mais je le dis pour la grandeur de la science physique.« Dieser Autor hat kürzlich angefangen, eine Kritik der speziellen und der allgemeinen Relativitätstheorie herauszugeben. Soeben ist das erste Heft erschienen: De Einsteinska relativitetsteoriernas ovederhäftighet. I.: Speciella Relativitetsteorien. 1.: Spec. relativitetsteoriens matematik. Stockholm 1922. — Nicht nur den Physikern, sondern auch den Philosophen möchte ich noch das vorzügliche Werk C. Isenkrahe: Zur Elementaranalyse der Relativitätstheorie. Braunschweig 1921, empfehlen. — Den neuesten Vortrag A. Einsteins: Vier Vorlesungen über Relativitätstheorie gehalten im

## Enhavo[115]).

En tiu ĉi pritraktaĵo mi penis en ĉefaj trajtoj prezenti »la teorion de relativeco de Einstein kaj ĝian fizikan, matematikan kaj filozofian karakteron«. La traktaĵo estas dividita en tri partoj: I. Enkonduko kaj la teorio de relativeco de Galilei-Newton kaj de Lorentz. En la enkonduko mi akcentis (substrekis), kiel antaŭ la eĉ neplenaj cent jaroj okazis simila revolucio en la opinio pri la spaco de la mondo (neeŭklidaj geometrioj kaj geometrioj de la spacoj kun kvar aŭ eĉ pli da dimensioj). La homa prudento estis suprenrampinta tioman altecon, ke malfacile por ĝi estus reveni en la mallarĝan regionon de nia sperto kaj la ondo de puraj kaj de la plej kuraĝaj spekulacioj ekkaptis fine la fizikon kaj kun ĝi la naturfilozofion. Plue estas montrita, Kiel Einstein ne surprizis la mondon neesperite per lia teorio kaj kiel estis plene jam preta la fundamento por liaj kuraĝaj spekulacioj; jam antaŭ Einstein kelkaj esploristoj (Ziegler, Reuterdahl) deĵetis la mondan eteron kaj Poincaré jam enkondukis la metodon de signalado. II. La speciala kaj la ĝenerala teorio de relativeco de Einstein kaj kvardimensia mondo de Minkowski. En tiu ĉi parto oni observas same kaj detale la konsekvencojn ĝis kiuj nin alkondukas tiu ĉi teorio kaj ilian laŭdiran eksperimentan konstaton. La rezultato estas montranta, ke ankaŭ jam aliaj esploristoj, longe antaŭ Einstein, atingis la samajn aŭ similajn konsekvencojn (Soldner, Poisson, »Kinertia«, Gerber) kaj ke oni ne povas paroli pri la eksperimenta konfirmo de la speciala kaj ĝenerala teorio de relativeco de Einstein. III. La disvastigitaj specialaj kaj ĝeneralaj teorioj de relativeco kaj la konkludaj observadoj.

---

Mai 1921 an der Universität Princeton (Braunschweig 1922) konnte ich nicht mehr berücksichtigen. — Schließlich sei auf eine Broschüre von dem bekannten deutschen Physiker und Nobelpreisträger J. Stark: Die gegenwärtige Krisis in der deutschen Physik. Leipzig 1922, verwiesen, wo in vorzüglichem Lichte der Kampf um die Relativitätstheorie dargestellt ist, sowie noch einige Bemühungen gewisser Theoretiker. Nicht nur den Fachgenossen, sondern auch den Studierenden wird diese besondere Schrift warm empfohlen.

[115]) Internacia helpa lingvo Esperanto.

La skribinto de tiu ĉi traktajo montris la unua en jaro 1916-a ke estas eble konstrui senmezure multajn specialajn teoriojn de relativeco, kiuj estis en si ne kontraŭdiraj kaj kiaj teorioj ne devas ankoraŭ havi ion komunan kun la realeco; poste montris tion ankaŭ pri la ĝenerala teorio Wiechert, Dingler, Painlevé, Weyl kaj Eddington. En la konkluda observado aperas sur supraĵo precipe malfortaj kaj tie ĉi kaj tie neeltenantaj fiziko-filozofiaĵ fundamentoj de la teorio de Einstein, kiuj estas entute de spekulacie-metafizika naturo. La fina rezultato estas por la citata teorio eksterordinare nekontentiga, ĉar la skribinto estas certiganta ke tiu ĉi teorio en sia trograndiga formo ne povos esti eltenonta kaj ke la relativista sipo subakviĝas! La teorio de Einstein kontraŭdiras ĝuste al sperto!

Tiu ĉi traktaĵo estas parolado, kiun la skribinto tenis kiel gasto ĉe la filozofia seminario de la Katol. Teologia fakultato de la Regna S. H. S. Universitato en Zagrebo, la 26-an de februaro 1922; ĝi estis presata ankaŭ en kroata lingvo en Jugoslavio.

FSC
www.fsc.org
MIX
Papier | Fördert gute Waldnutzung
FSC® C083411

Zeitfracht Medien GmbH
Ferdinand-Jühlke-Straße 7
99095 Erfurt, Deutschland
produktsicherheit@kolibri360.de